水电站运营管理
标准体系建设

福建水口发电集团有限公司　编

中国电力出版社
CHINA ELECTRIC POWER PRESS

内 容 提 要

本书对水电站运营管理体系进行了系统梳理，主要内容包括水口水电站概述、组织管理、经营管理、安全管理、运行管理、防汛管理、大坝管理、设备管理、应急管理、技术监督管理。

本书适合从事水电站运营工作的相关技术人员及管理人员阅读。

图书在版编目（CIP）数据

水电站运营管理标准体系建设 / 福建水口发电集团有限公司编 . — 北京：中国电力出版社，2023.4
ISBN 978-7-5198-7584-8

Ⅰ.①水… Ⅱ.①福… Ⅲ.①水力发电站—运行 Ⅳ.① TV737

中国国家版本馆 CIP 数据核字（2023）第 031097 号

出版发行：中国电力出版社
地　　址：北京市东城区北京站西街 19 号（邮政编码 100005）
网　　址：http://www.cepp.sgcc.com.cn
责任编辑：孙　芳
责任校对：黄　蓓　常燕昆
装帧设计：赵丽媛
责任印制：吴　迪

印　　刷：三河市万龙印装有限公司
版　　次：2023 年 4 月第一版
印　　次：2023 年 4 月北京第一次印刷
开　　本：787 毫米 ×1092 毫米　16 开本
印　　张：10.75
字　　数：251 千字
印　　数：0001—1000 册
定　　价：98.00 元

编审委员会

前　言

　　水口水电站是国家"七五"重点工程之一，是一座兼具发电、防汛、航运等综合效益的枢纽工程。电站拥有7台单机容量世界最大的轴流转桨式水轮发电机组，承担着福建电网调峰、调频和事故备用及闽江流域防洪度汛、通航等重要任务，也是福建电网的"黑启动"电源点。自投产发电以来，水口水电站已累计发电量超1580亿kWh，昼夜不停地向福建电网输送绿色清洁能源，为新福建高质量发展注入澎湃动能。

　　时值水口水电站发电30周年之际，特组织编撰《水电站运营管理标准体系建设》一书，系统梳理水电站运营中在组织管理、经营管理、安全管理、运行管理、防汛管理、大坝管理、设备管理、应急管理、技术监督管理等方面的内容，建立一套"可复制、好运用、易推广"的水电运营"经验库"，为国内水电站运营管理提供借鉴。

　　本书由水口水电站多位专业人员编写和审核，他们为此付出了辛勤的劳动。在此我们表示衷心的感谢！

　　本书的策划和大纲由郑胜、庄明负责；第1章由杨玮光编写，余云飞审核；第2章由谢深编写，魏守坤审核；第3章由郑荫钦、黄君婷编写，温文富、陈国秀审核；第4章由吴雅燕、杨玮光编写，朱光焰、刘会炳审核；第5章由陈罗编写，许大美审核；第6章由朱文富编写，刘枏审核；第7章由陈演、黄鑫编写，周振辉审核；第8章由刘郅辉编写，刘斌审核；第9章由吴雅燕编写，李开树审核；第10章由林脂编写，张毅审核。终审由庄明、江中华、陈子坎、郑杰负责。

　　本书是对水电站运营管理体系进行提炼的一次探索，难免有疏漏不足之处，敬请广大读者提出宝贵意见，已臻不断完善。

编审委员会

2023年1月

目　录

1 水口水电站概述

水口水电站位于福建省闽江干流中游，上游距闽北重要城市南平市 94km，下游距闽清县城 14km，距福建省省会福州市 84km。水口水电站是以发电为主，兼有航运、过木等综合利用效益的大型水利枢纽工程。电站安装 7 台轴流转桨式水轮发电机组，自 2017 年开始陆续进行增容改造，单机容量增加至 230MW。电站通过 220kV 输电线路供电福建电网。

水力枢纽由混凝土重力坝、坝后式厂房、一线 2×500t 级三级船闸和一线 2×500t 级垂直升船机、220kV 开关站及 500kV 升压站等组成。

混凝土重力坝最大坝高 101m，坝顶全长 783m，坝顶高程 74m。共分 42 个坝段，其中 8~21 号为引水坝段，7 台机组各由内径为 10.5m 的坝内压力钢管引水，每条钢管自坝面至蜗壳进口全长 81.7m；23~35 号为溢流坝段，溢洪道共 12 孔，堰顶高程 43m，最大泄量 51 640m³/s（包括底孔及发电流量），单宽流量约为 260m³/s，采用挑流消能。每孔由宽 15m、高 23m 的弧形闸门控制。闸墩厚 5m，承受水推力 4320t，采用预应力结构；22、36 号为泄水底孔坝段，泄水底孔尺寸为 5m×8m，进口底高程 20m，进口段为有压短管，出口采用挑流消能；37 号、38 号为船闸、升船机坝段，其余为挡水坝段。

发电站房位于河床左侧坝后，主厂房尺寸为 304.2m×34.5m×68m（长×宽×高），水轮机安装高程为 3.9m，水轮机层、发电机层楼板高程分别为 11m 和 19m。装配场位于厂房左端，地面高程 22.5m。副厂房分别设在主厂房上、下游侧，在装配场下游侧专设中控楼作为电站控制中心。

220kV 主变压器布置在厂坝间的副厂房顶上 22.5m 高程。220kV 开关站布置在左岸，距坝轴线约 600m，面积为 159m×105m，地面高程为 70m，左岸上坝公路顺河向沿开关站围墙外侧经过。

一线三级船闸上下游总级差为 57m，按一次过 2 艘 500t 驳船的船队设计，各级闸室有效尺寸为长 135m、宽 12m，槛上水深为 3m，船闸总长为 605m，输水系统采用底部长廊道分散输水型式。2×500t 级升船机为全平衡钢丝绳卷扬式垂直升船机，带水船厢总重 5230t，承船厢有效工作水域尺寸为 114m×12m×2.5m（长×宽×水深）。船闸和升船机共用上下游引航道。

水口水电站从 1986 年起被列为国家重点项目，是由国家投资，也是福建省第一个利用世界银行贷款兴建的能源工程，于 1987 年 3 月 9 日正式开工，1989 年 9 月 25 日闽江截流，1991 年 11 月底二期转三期导流，1993 年 4 月初大坝下闸水库蓄水，1993 年 8 月 6 日第一台机组正式并网发电，1996 年 11 月 29 日电站 7 台机组全部安装完毕投入商业性生产。一线三级船闸 1994 年 11 月内部试通航，1996 年 2 月 10 日正式对外试通航。

2 组织管理

2.1 机构设置

水电站生产筹备期可设置综合办公室、安全生产技术部、生产准备部3个部门，负责筹备前期生产准备相关工作。正式投产后，水电站可设置综合办公室、党建工作部、安全监察部、财务资产部、生产技术部、发电运维部、水工管理部7个部室。根据水电站规模、不同时期、管理模式以及各水电站实际，可以灵活设置不同部室及人员配置。

2.2 职责分工

各部门岗位设置和工作职责如下：

2.2.1 综合办公室

综合办公室主要负责综合性文件起草、人事管理、薪酬管理、教育培训管理、办公信息化建设、行政后勤管理、交通车辆管理、档案管理和法律事务协调联系等日常综合性事务。

1. 岗位设置

根据综合办公室工作职责和工作任务配备主任、副主任、人力资源专责、教培专责、文字秘书、行政管理专责、档案管理专责、综合管理专责。

2. 主要职责

（1）负责协助领导协调各部门之间的工作关系。

（2）负责公文处理及督办工作，起草综合性文件。

（3）负责行政办公系统建设、政务信息、信访和保密工作。

（4）负责人事日常管理工作。

（5）负责薪酬、考核管理工作。

（6）负责社会保险和基金日常管理工作。

（7）负责教育培训管理工作。

（8）负责档案管理工作。

（9）负责对外联络、接待工作。

（10）负责非生产性固定资产的实物管理工作。

（11）负责行政后勤管理协调工作。

（12）负责车辆交通安全管理工作。

（13）负责法律事务协调联系。

2.2.2　财务资产部

财务资产部主要负责成本、费用和税务管理，财务预算管理和执行、固定资产的价值管理等工作。

1. 岗位设置

根据财务部工作职责和工作任务配备主任、副主任、会计、出纳。

2. 主要职责

（1）负责成本、费用和税务管理工作。

（2）负责财务预算管理、监督、执行和考核。

（3）负责固定资产的价值管理。

（4）负责财务分析与评价。

（5）提出经营管理建议。

（6）负责保险管理工作。

（7）参与经济合同的招标和签订工作。

2.2.3　党建工作部

党建工作部主要负责党建、纪检监察、新闻宣传、工会和团员青年等工作。

1. 岗位设置

根据党建工作部工作职责和工作任务配备主任、副主任、组织干事、纪检监察主管、工会主管、宣传干事、团员青年干事。

2. 主要职责

（1）负责党建及思想政治工作。

（2）负责精神文明及企业文化建设。

（3）负责新农村建设工作。

（4）负责纪检、监察、审计工作。

（5）负责治安保卫及维护稳定等管理工作。

（6）负责新闻宣传工作。

（7）负责工会日常工作。

（8）负责团员青年工作。

2.2.4　安全监察部

安全监察部主要负责安全生产可靠性管理、安全生产管理监督和考核、安全措施计划管理、反违章管理和安全生产事故的调查处理等安全管理相关工作。

1. 岗位设置

根据安全监察部工作职责和工作任务配备主任、副主任、安全监察专工、安全技术专工。

2. 主要职责

（1）负责安全生产日常监督管理工作。

（2）负责安全技术管理。

（3）参与重大检修、技术改选等项目的方案制定，并对其安全措施进行审查。

（4）负责草拟、编制安全方面的管理制度并审核。

（5）负责事故应急预案和突发事件等应急预案的健全、完善和修订，组织应急演练。

（6）负责安全培训计划编制与组织工作。

（7）负责外协单位的安全生产监督管理。

（8）负责安全措施计划管理。

（9）负责组织或参与生产安全事故调查处理工作。

（10）负责组织开展季节性安全专项检查等迎检工作。

2.2.5 生产技术部

生产技术部主要负责生产技术管理、计划管理、招标管理、合同管理和技术监督管理，负责生产管理制度的编制，生产技术规程、标准的审核，机组检修、防洪度汛、外委项目管理以及对外协调联系等工作。

1. 岗位设置

根据生产技术部工作职责和工作任务配备主任、副主任、电气一次专工、电气二次专工、机械专工、水工专工、合同管理专工、运行专工、设备物资管理专工、计划统计专工、工程项目管理专工。

2. 主要职责

（1）负责生产管理、协调生产相关单位关系。

（2）负责与生产管理相关的对外协调联系工作。

（3）负责生产管理制度起草、修编工作。

（4）负责生产设施设备的检修、更改及科技、库维、反事故措施等项目计划管理。

（5）负责工程项目招标、合同管理和工程概预算管理工作。

（6）负责技术监督管理工作。

（7）负责计划统计工作。

（8）负责组织检修、技术改造等项目技术方案制定及审查。

（9）负责机组大小修、技术改造和事故处理实施后的验收工作。

（10）负责生产技术规程审核工作。

（11）负责生产用固定资产的实物管理工作。

（12）负责备品配件的管理工作。

（13）负责防洪、度汛管理工作。

（14）负责生产设备外委项目的组织、管理、验收工作。

（15）按照事故应急管理规定组织生产事故现场应急处理。

（16）参与生产安全事故调查处理工作。

（17）负责节能管理工作。

2.2.6　发电运维部

发电运维部负责发供电设备的运行、操作、维护、日常巡检、缺陷处理、应急维修、技术监督、检修外委等工作的现场管理。

1. 岗位设置

根据工作职责和工作任务配备主任、副主任、安全专工、电气专工、机械专工、值班长、副值班长、正值班员、副值班员、备岗。

2. 主要职责

（1）负责发供电设备的运行、操作、维护、日常巡检、缺陷处理、应急维修。

（2）正确执行调度指令和集控指令。

（3）负责"两票三制"（操作票与工作票，交接班制度、巡回检查制度和设备定期切换试验制度）的执行。

（4）负责设备预防性试验及其他试验、安全自动装置与保护装置定检等工作，完成各项技术监督工作。

（5）负责生产设备外委项目的现场管理。

（6）负责生产过程中的事故、异常处理及应急维修工作。

（7）合理安排厂用及辅助生产设备系统的运行方式，确保安全、稳定、经济运行。

（8）负责运行分析和安全分析工作。

（9）负责运行规程、检修规程等相关技术文件的编制及管理工作。

（10）负责起重、电焊、机械加工等相关管理工作，检修机械及专用工器具的管理与维护。

（11）负责生产区域现场安全文明生产管理。

（12）负责编制常用典型操作票、常用设备运行维护记录和常见设备事故处置预案，并组织演练。

2.2.7　水工管理部

水工管理部负责水工建筑物监测、维护、水库管理、防洪度汛、基建项目管理等工作。

1. 岗位设置

根据工作职责和工作任务配备主任、副主任、安全培训专工、电气专工、班长、副班长、技术员、A 岗、B 岗、C 岗。

2. 主要职责

（1）负责水工建筑物的维护与检修管理工作。

（2）负责水工建筑物的安全监测及监测设施的维护工作。

（3）负责枢纽的防洪、度汛及库区泥沙淤积的监测工作。

（4）负责库区航运的相关管理工作。

（5）负责水工建筑物年度详查、特殊工况检查、定期检查工作。

（6）负责水工建筑物大修的组织管理工作。

（7）负责库区管理和库岸边坡稳定工作。

（8）负责大坝及库区地震监测数据收集、分析工作。

（9）负责库区环保、水保、生态监测管理。

（10）负责小型基建及临建工程管理工作。

（11）协助集控中心做好现场水情测报工作。

2.3　教育培训

2.3.1　组织机构

为建立和完善教育培训管理体系，加强对员工教育培训工作的领导和监督管理，确保教育培训工作开展的成效，成立以电站、部门、班组构成的三级教育培训组织机构，对员工教育培训工作实行分级管理。

2.3.2　职责分工

综合办公室负责贯彻落实上级教育培训方针、政策，建立、健全电站的配套教育培训管理制度，研究教育培训保障措施，制定、审批年度培训计划并实施管理，管理员工培训档案，做好培训经费计划和使用报批，对员工的培训工作进行监督和考核。

各部门负责本部门培训计划的审核，对本部门员工培训情况进行监督，配合综合办公室对员工培训效果进行评估。

各班组对班组成员的培训需求进行收集和分析，制定班组的培训计划，组织实施本班组的教育培训工作，负责班组各员工的培训效果评估，向上级培训管理机构汇报培训工作总结。

2.3.3　入职培训

入职培训针对员工自身特长以及水电站生产、管理的需求，有计划地开展生产员工的专业技术培训、事故应急处理能力培训和综合协调能力培训，树立"终身学习、学以致用"的学习观，同时不断强化员工自身的使命感和对企业的荣誉感。

1. 教育培训的安排

根据水电站生产所需、人员的具体配置、专业技术结构等因素进行有选择、有重点的培训。期间主要培训工作包括电力行业从业人员的技能鉴定、岗位资格取证培训工作；聘请专家人员对新入职人员进行集中授课，具体讲解电站设备的设计原理、构造及维护、运行方面的知识；聘请有关安全生产管理专家到现场进行安全生产管理知识培训，并通过考试合格；推荐水电站各专业有着丰富经验的人员进行内部培训，全面熟悉机电设备的原理、构造、性能和特点，全面掌握设备的运行参数；根据重点培养专业的需要、专业和工作职责的划分，安排新入职人员选择部门进行跟班强化培训，为胜任实际工作岗位做准备；有条件选派人员到国内先进的电厂考察学习，借鉴其他电厂的先进管理经验。

2. 培训要求

教育培训以水电站现场教育培训为主；培训计划与广大员工的知识结构相符合，具备较强可操作性和实效性；培训内容围绕如何适应实际工作岗位开展；参加培训的员工做好学习记录，综合办公室负责对每一阶段的学习效果进行检查和考评。

2.3.4　安全教育

围绕《中华人民共和国劳动法》《中华人民共和国安全生产法》《职业病防治法》《电力法》《交通安全法》《消防法》《环境保护法》《劳动防护用品配备标准》《发电企业设备检修导则》等相关法律、条例和标准，针对性地对员工开展安全知识培训，包括《电力安全工作规程》《水电厂重大反事故措施》《水电运维管理规定》、触电急救学习、施工现场安全培训、消防器材使用培训、机电设备运行主要故障排除培训等，并开展事故预演、技术比武、安全知识竞赛等活动，确保全体员工具备与自身职责和能力要求相适应的安全生产技能与意识。

3 经营管理

3.1 经济技术指标

3.1.1 安全生产指标

3.1.1.1 人身事故

1. 人身事故内容

（1）工作场所或承包承租承借的工作场所发生的人身伤亡。

（2）被单位派出到用户工程工作过程中发生的人身伤亡。

（3）乘坐单位组织的交通工具发生的人身伤亡。

（4）单位组织的集体外出活动过程中发生的人身伤亡。

（5）员工因公外出发生的人身伤亡。

2. 人身事故种类

（1）特别重大人身事故：一次事故造成30人以上死亡，或者100人以上重伤（包括生产性急性中毒，下同）者。

（2）重大人身事故：一次事故造成10人以上、30人以下死亡，或者50人以上、100人以下重伤者。

（3）较大人身事故：一次事故造成3人以上、10人以下死亡，或者10人以上、50人以下重伤者。

（4）一般人身事故：一次事故造成3人以下死亡，或者10人以下重伤者。

3.1.1.2 电网事故

电力生产或者电网运行过程中发生的影响电力系统安全稳定运行或者影响电力正常供应的事故。

1. 特别重大电网事故

（1）造成区域性电网减供负荷30%以上者。

（2）造成电网负荷20000MW以上的省（自治区）电网减供负荷30%以上者。

（3）造成电网负荷5000MW以上、20000MW以下的省（自治区）电网减供负荷40%以上者。

（4）造成直辖市电网减供负荷50%以上，或者60%以上供电用户停电者。

（5）造成电网负荷2000MW以上的省（自治区）人民政府所在地城市电网减供负荷60%以上，或者70%以上供电用户停电者。

2. 重大电网事故

（1）造成区域性电网减供负荷 10% 以上、30% 以下者。

（2）造成电网负荷 20000MW 以上的省（自治区）电网减供负荷 13% 以上、30% 以下者。

（3）造成电网负荷 5000MW 以上、20000MW 以下的省（自治区）电网减供负荷 16% 以上、40% 以下者。

（4）造成电网负荷 1000MW 以上、5000MW 以下的省（自治区）电网减供负荷 50% 以上者。

（5）造成直辖市电网减供负荷 20% 以上、50% 以下，或者 30% 以上、60% 以下的供电用户停电者。

（6）造成电网负荷 2000MW 以上的省（自治区）人民政府所在地城市电网减供负荷 40% 以上、60% 以下，或者 50% 以上 70% 以下供电用户停电者。

（7）造成电网负荷 2000MW 以下的省（自治区）人民政府所在地城市电网减供负荷 40% 以上，或者 50% 以上供电用户停电者。

（8）造成电网负荷 600MW 以上的其他设区的市电网减供负荷 60% 以上，或者 70% 以上供电用户停电者。

3. 较大电网事故

（1）造成区域性电网减供负荷 7% 以上、10% 以下者。

（2）造成电网负荷 20000MW 以上的省（自治区）电网减供负荷 10% 以上、13% 以下者。

（3）造成电网负荷 5000MW 以上、20000MW 以下的省（自治区）电网减供负荷 12% 以上、16% 以下者。

（4）造成电网负荷 1000MW 以上、5000MW 以下的省（自治区）电网减供负荷 20% 以上、50% 以下者。

（5）造成电网负荷 1000MW 以下的省（自治区）电网减供负荷 40% 以上者。

（6）造成直辖市电网减供负荷 10% 以上、20% 以下，或者 15% 以上、30% 以下供电用户停电者。

（7）造成省（自治区）人民政府所在地城市电网减供负荷 20% 以上、40% 以下，或者 30% 以上、50% 以下供电用户停电者。

（8）造成电网负荷 600MW 以上的其他设区的市电网减供负荷 40% 以上、60% 以下，或者 50% 以上、70% 以下供电用户停电者。

（9）造成电网负荷 600MW 以下的其他设区的市电网减供负荷 40% 以上，或者 50% 以上供电用户停电者。

（10）造成电网负荷 150MW 以上的县级市电网减供负荷 60% 以上，或者 70% 以上供电用户停电者。

（11）因安全故障而造成全厂（站）对外停电，导致周边电压监视控制点电压低于调度机构规定的电压曲线值 20% 并且持续时间 30min 以上，或者导致周边电压监视控制点电压低于调度机构规定的电压曲线值 10% 并且持续时间 1h 以上者。

（12）发电机组因安全故障停止运行超过行业标准规定的大修时间两周，并导致电网减供负荷者。

4. 一般电网事故

（1）造成区域性电网减供负荷4%以上、7%以下者。

（2）造成电网负荷20000MW以上的省（自治区）电网减供负荷5%以上、10%以下者。

（3）造成电网负荷5000MW以上、20000MW以下的省（自治区）电网减供负荷6%以上、12%以下者。

（4）造成电网负荷1000MW以上、5000MW以下的省（自治区）电网减供负荷10%以上、20%以下者。

（5）造成电网负荷1000MW以下的省（自治区）电网减供负荷25%以上、40%以下者。

（6）造成直辖市电网减供负荷5%以上、10%以下，或者10%以上、15%以下供电用户停电者。

（7）造成省（自治区）人民政府所在地城市电网减供负荷10%以上、20%以下，或者15%以上、30%以下供电用户停电者。

（8）造成其他设区的市电网减供负荷20%以上、40%以下，或者30%以上、50%以下供电用户停电者。

（9）造成电网负荷150MW以上的县级市电网减供负荷40%以上、60%以下，或者50%以上、70%以下供电用户停电者。

（10）造成电网负荷150MW以下的县级市电网减供负荷40%以上，或者50%以上供电用户停电者。

（11）发电厂或者220kV以上变电站因安全故障造成全厂（站）对外停电，导致周边电压监视控制点电压低于调度机构规定的电压曲线值5%以上、10%以下并且持续时间2h以上者。

（12）发电机组因安全故障停止运行而超过行业标准规定的小修时间两周，并导致电网减供负荷者。

3.1.1.3　设备事故

设备事故指电力生产、电网运行过程中发生的发电设备或输变电设备、管道、厂房、建筑物、构筑物、仪器、通信、动力、运输等设备或设施因非正常损坏造成停产或效能降低，直接经济损失超过规定限额的行为或事件。

1. 特别重大设备事故

（1）造成1亿元以上直接经济损失者。

（2）压力容器、压力管道有毒介质泄漏，造成15万人以上转移者。

2. 重大设备事故

（1）造成5000万元以上、1亿元以下直接经济损失者。

（2）压力容器、压力管道有毒介质泄漏，造成5万人以上15万人以下转移者。

3. 较大设备事故

（1）造成1000万元以上、5000万元以下直接经济损失者。

（2）压力容器、压力管道爆炸者。

（3）压力容器、压力管道有毒介质泄漏，造成 1 万人以上、5 万人以下转移者。

（4）起重机械整体倾覆者。

4. 一般设备事故

（1）造成 100 万元以上、1000 万元以下直接经济损失者。

（2）特种设备事故造成 1 万元以上、1000 万元以下直接经济损失者。

（3）压力容器、压力管道有毒介质泄漏，造成 500 人以上、1 万人以下转移者。

（4）电梯轿厢滞留人员 2h 以上者。

（5）起重机械主要受力结构件折断或者起升机构坠落者。

3.1.1.4　信息系统事件

对计算机系统或网络系统的可用性、完整性、保密性、真实性、可核查性和可靠性造成危害的事件，或者在计算机系统或网络系统中发生的对社会造成负面影响的其他事件。

3.1.2　经济效益指标

3.1.2.1　水能利用提高率

水能利用提高率是反映水电经济运行和电网节能调度水平的综合指标。指以当年来水按照调度图预测电量为基准，统计时段内水电厂实际发电量与考核发电量之差加上时段末实际水位与评定水位之间的库容差电量，与考核发电量的比值。若统计时段末实际水位高于评定水位，则库容差电量为正值；反之，则为负值。

统计方法为

$$水能利用提高率 = \frac{统计时段实际发电量 - 统计时段考核发电量 \pm 统计时段末库容差电量}{统计时段考核发电量} \times 100\%$$

3.1.2.2　发电利用小时数

发电利用小时数指统计期实际发电量与平均容量的比值，是反映发电设备生产能力利用程度及其水平的指标。

统计方法为

$$发电利用小时数 = \frac{统计期实际发电量}{统计期平均容量}$$

3.1.2.3　发电计划完成率

发电计划完成率指统计期发电量与同期计划发电量的比值。

统计方法为

$$发电计划完成率 = \frac{统计期发电量}{周期计划发电量} \times 100\%$$

3.1.3　设备管理指标

3.1.3.1　等效可用系数

等效可用系数指机组可用小时与降出力等效停运小时的差值与统计期日历小时的比

值。计算公式为

$$等效可用系数 = \frac{可用小时 - 降出力等效停运小时}{统计期日历小时} \times 100\%$$

可用小时：指机组处于可用状态的小时数，为运行小时与备用小时之和。

降出力等效停运小时：指机组降低出力小时数折合成按容量计算的停运小时数。

$$等效可用系数定额完成率 = \frac{等效可用系数实际值}{等效可用系数定额值} \times 100\%$$

$$等效可用系数定额值 = \frac{\sum (机组等效可用系数考核基础值 \times 机组容量 \times P)}{\sum 机组容量} \times 100\%$$

$$等效可用系数实际值 = \frac{\sum (机组等效可用系数 \times 机组容量)}{\sum 机组容量} \times 100\%$$

等效可用系数考核基础值及调整系数 P 值见表 3–1。

表 3–1　　　　　　　　等效可用系数考核基础值与调整系数 P

水轮机型式	等效可用系数考核基础值（%）		条件	调整系数 P 值
	有大修	无大修		
混流式	87	91	$D_1 \geqslant 5.5\text{m}$	0.995
			$4.1\text{m} \leqslant D_1 < 5.5\text{m}$	1.000
			$D_1 < 4.1\text{m}$	1.005
			泥沙磨损严重	0.975
			$H_\text{P} \geqslant 200\text{m}$	0.980
			$100\text{m} \leqslant H_\text{P} < 200\text{m}$	0.995
轴流式	87	91	$D_1 \geqslant 8.0\text{m}$	0.995
			$5.5\text{m} \leqslant D_1 < 8.0\text{m}$	1.000
			$D_1 < 5.5\text{m}$	1.005
			泥沙磨损严重	0.975
冲击式	86	89	泥沙磨损严重	0.975
混流可逆式	84	89		1.000

注　1. D_1 表示水轮机转轮标称直径；H_P 表示水轮机设计水头；

　　2. 水轮机过流部件受泥沙磨损严重的水电站由主管部门认定；

　　3. 符合两个及以上条件的水轮机，调整系数 P 值可以连乘。

3.1.3.2　机组等效强迫停运率

机组等效强迫停运率指统计期内强迫停运小时加上降出力等效停运小时之和与强迫停运小时加上运行小时之和的比值。《发电设备可靠性评定规程　第 3 部分：水电机组》

（DL/T 793.3—2019）规定，第 1、2、3 类非计划停运为强迫停运。

统计方法为

$$等效强迫停运率 = \frac{强迫停运小时 + 降出力等效停运小时}{强迫停运小时 + 运行小时} \times 100\%$$

3.1.3.3 自动开机成功率

自动开机成功率指统计期间机组按调度令、从控制室进行自动开机、并网一次成功的次数（开机过程中不需要任何的人工辅助，按设定程序自动完成）与自动开机总次数的比值。

统计方法为

$$自动开机成功率 = \frac{机组自动开机成功次数}{机组自动开机次数} \times 100\%$$

3.1.3.4 继电保护及安全自动装置正确动作率

继电保护及安全自动装置正确动作率指统计期间水电厂主设备（机组、主变压器、高压开关站及出线）投入的继电保护和安全自动装置正确动作的次数与总动作次数（包括正确动作的次数、误动次数和拒动次数）的比值。继电保护及安全自动装置动作评定执行《电力系统继电保护及安全自动装置运行评价规程》（DL/T 623—2010）。

统计方法：

$$继电保护及安全自动装置正确动作率 = \frac{正确动作的次数}{正确动作的次数 + 误动次数 + 拒动次数} \times 100\%$$

3.1.3.5 AGC 投入率

AGC（自动发电控制）投入率指电厂统计期间内累计 AGC 功能投入时间与统计期间时间总和的比值，反映电厂 AGC 控制功能的可靠程度。

统计方法为

$$AGC 投入率 = \frac{统计期间内累计 AGC 功能投入时间}{统计期间时间总和} \times 100\%$$

3.1.3.6 综合厂用电量

综合厂用电量指统计期内发电量与售电量的差值，反应有多少电量没有供给电网。

统计方法为

$$综合厂用电量 = 发电量 + 购网电量 - 上网电量$$

3.1.3.7 综合厂用电率

综合厂用电率指统计期内综合厂用电量与发电量的比值。

统计方法为

$$综合厂用电率 = \frac{统计期内综合厂用电量}{统计期内实际发电量} \times 100\%$$

3.1.4 大坝管理指标

3.1.4.1 大坝状态

水电大坝运行实行评级、安全注册制度。大坝安全等级分为正常坝、病坝和险坝三级。大坝安全注册等级分为甲、乙、丙三级。大坝中心根据大坝的安全状况及管理水平，办理大坝安全注册登记证。符合安全注册条件的正常坝，根据管理实绩考核情况，颁发甲级登记证或者乙级登记证；符合安全注册条件和管理实绩考核要求的病坝，颁发丙级登记证；大坝定期检查被评定为险坝的，不予注册。

3.1.4.2 水情自动测报系统畅通率

水情自动测报系统畅通率指在统计期内，中心站收到正确数据的遥测站点总数与向中心站发送的水文数据的遥测站点总数的比值。

统计方法为

$$畅通率 = \frac{系统内遥测站点总数 - 不畅通站点数}{向中心站发送的遥测站点总数} \times 100\%$$

3.1.4.3 洪水预报平均准确率

洪水预报平均准确率是指统计期内各场次洪水预报准确率之和与洪水总场次之比。

统计方法为

$$洪水预报平均准确率 = \frac{\sum_{1}^{n} 各场次洪水预报准确率}{洪水总场次} \times 100\%$$

$$各场次洪水预报准确率 = 100\% - \left| 洪水预报相对误差 \right|$$

$$= 100\% - \left| \frac{预报值 - 实测值}{实测值} \right| \times 100\%$$

3.2 固定资产管理

3.2.1 定义和原则

固定资产是指为生产商品、提供劳务、出租或经营管理而持有的、使用寿命超过一个会计年度的有形资产。

固定资产管理原则：统一政策，分级管理；完善制度，落实责任；业务协调，信息集成；优化配置，物尽其用；创新管理，持续完善。

财务部门承担固定资产的价值管理职能，各部门按专业分工承担固定资产的实物管理职能，固定资产的具体使用、运行、维护、保管部门承担固定资产的使用保管管理职能，按"谁使用，谁保管"的原则，将固定资产的实物保管责任落实到专人，并设立固定资产登记簿。

3.2.2 固定资产目录和折旧

制定统一的固定资产目录。固定资产目录列示固定资产分类、固定资产名称、折旧年限和净残值率等内容，根据多维精益管理体系变革的要求，明确核心资产的重要组成范围。

建立固定资产目录的动态管理机制，根据新技术、新设备应用情况，并综合考虑资产财务管理与设备生产管理等需要，组织固定资产目录的调整、完善工作。

固定资产原则上采用年限平均法计提折旧，结合本地区经济发展水平、设备实际情况等因素合理确定各类固定资产折旧年限。

实物管理部门对实施技术改造的资产，应在改造完成后综合考虑设备健康状况等因素，对其继续使用的年限进行评估。

3.2.3 固定资产变动

固定资产变动指固定资产的增加、减少和出租（指经营性租赁）。其中，固定资产增加包括购建（基本建设、技术改造和零星购置）、投资者投入、融资租入、债务重组取得、接受捐赠、调入、根据行政命令接受、盘盈及其他途径增加；固定资产减少包括固定资产的转让（出售、以资抵债和对外捐赠，但不包括已报废固定资产的残值处理）、以固定资产对外投资、盘亏、损毁、报废、调拨、根据行政命令调整等。

新增固定资产必须履行资产实物交接验收程序，建立完整、准确的固定资产卡片，确保账、卡、物一致。

固定资产转让由实物管理等相关部门申请固定资产转让审批，连同有关决策材料、合同、协调、单证等，报送财务部门办理固定资产清理手续。

固定资产置换视同一项连续的固定资产转让及购置行为，比照固定资产转让及购置的管理权限和程序进行管理。

发生固定资产盈亏，使用保管部门要负责查明原因，申请固定资产盈亏审批，报送财务部门办理固定资产清理手续。

固定资产调拨应履行固定资产调拨审批程序，交财务部门入账。

固定资产出租应当按照有关法律法规与承租人签订书面租赁合同。出租的租金应根据资产质量、运行状态、使用情况等合理确定，租金标准应以资产价值为基础。

生产运行中的固定资产由于自身性能、技术、经济性等原因退出运行或使用状态的，应组织进行技术鉴定，根据技术鉴定结果确定再利用或报废处置。固定资产报废审批履行报废审批程序，报送财务部门办理固定资产清理手续。固定资产在下列情况可作报废处理：

（1）运行日久，其主要结构、机件陈旧，损坏严重，经鉴定再给予大修也不能符合生产要求；或虽然能修复但费用太大，修复后可使用的年限不长，效率不高，在经济上不可行。

（2）腐蚀严重，继续使用将会发生事故，又无法修复。

（3）严重污染环境，无法修治。

（4）淘汰产品，无零配件供应，不能利用和修复；国家规定强制淘汰报废；技术落后不能满足生产需要。

（5）存在严重质量问题或其他原因，不能继续运行。

（6）进口设备不能国产化，无零配件供应，不能修复，无法使用。

（7）因运营方式改变而全部或部分拆除，且无法再安装使用。

（8）遭受自然灾害或突发意外事故，导致损毁，无法修复。

3.2.4　固定资产保险管理

根据生产、经营、建设的实际需要，结合对相关风险的分析判断，在确保资产安全稳定运行基础上，科学投保，合理确定投保资产范围及投保险种。

投保财产遭遇自然灾害或发生意外事故时，固定资产的使用保管部门应立即报告，向保险公司报案。对于火灾、爆炸、盗窃等事件，应及时向消防、公安等部门报案。

投保财产出险后，应采取必要、合理的措施防止损失进一步扩大。督促保险公司开展现场勘查、定损理算等工作，做好保险索赔资料准备，确保保险责任范围内的财产损失得到及时、合理赔付。

3.2.5　固定资产日常管理

根据固定资产目录和有关要求，建立设备台账及固定资产卡片，及时做好台账及卡片信息维护工作，确保台账及卡片信息准确反映资产初始和后续变动有关情况。

根据国家有关不动产登记管理的规定，规范做好有关固定资产权属登记和变更管理工作，确保资产权属清晰、完整、有效。

按照"谁使用，谁保管"原则，落实管理责任部门和责任人，规范管理程序，保证资产的安全完整和正常运行，防止资产损失。由于管理不善而造成固定资产盘亏、损毁的，应追究有关责任人的责任。

固定资产使用保管人辞职、调离岗位、离退休，应在办理离职手续前，将其保管使用的固定资产移交完毕。使用保管部门负责人监交。

固定资产实物管理和使用保管部门应对固定资产实行跟踪管理，全面了解和掌握固定资产的分布、使用情况和质量状况，对闲置、低效、无效等固定资产提出处理意见。

对固定资产实行委托运营的，资产的使用保管职责可全部或部分交由受托方履行，但价值管理和实物管理仍由委托方负责，不得因委托运营而导致固定资产管理职能的弱化或虚置。

委托单位应当与受托单位签订委托协议，协议应当对双方在资产管理方面的权利义务明确约定。

建立健全固定资产清查机制，每年组织对固定资产进行全面或局部的清查盘点，保证账、卡、物一致。

3.3 项目管理

3.3.1 项目分类

（1）生产大修项目。指为恢复资产（包括设备、设施以及辅助设施等）原有形态和能力，按项目制管理的修理性工作。水电生产大修不增加固定资产原值，是一种损益性支出。

（2）生产技改项目。指利用成熟、先进、适用的技术、设备、工艺和材料等，对现有水电生产设备、设施及相关辅助设备、设施等资产进行更新、完善和配套，提高其安全性、可靠性、经济性和满足智能化、节能、环保等要求。水电生产技术改造投资形成固定资产，是一种资本性支出。

（3）生产运维项目。指按年度计划对生产性设施设备进行运行维护的项目。

（4）财务专项项目。指通过财务成本支出的，与生产设备无关（除检测、调查等），不产生固定资产，与职工福利等不相关的项目。包括财务常规性项目和专项费用类项目。

（5）研究开发项目。指用于技术研究、群众性创新、"五小"（小发明、小创造、小革新、小设计、小建议）创新等研发用的项目。

3.3.2 立项原则

3.3.2.1 生产大修项目

生产大修项目必须针对单一项目单位，同一项目单位内部的生产大修项目可按站或同类设备立项，不允许将一个独立项目（同一台设备）分解成几个项目。水电生产大修范围包括发电（电动）机、（水泵）水轮机、电气一次设备、主进水阀系统、闸门系统、金属结构、水情自动测报及水调自动化系统、计算机监控系统、继电保护及其安全自动装置、励磁系统、调速系统、SFC（静止变频器）系统、直流系统、调度通信系统、消防系统、五防［防止误分、合断路器；防止带负荷分、合隔离开关；防止带电挂（合）接地线（接地开关）；防止带接地线（接地开关）合断路器；防止误入带电间隔］系统、水工建筑物、生产建（构）筑物辅助及附属设施、安全技术劳动保护设施、环境保护设施、监测装置、视频监控系统等。

3.3.2.2 生产技改项目

为确保水电生产技改项目实施目标的统一完整，水电厂水轮机、发电机、主变压器等主设备改造工程及其配套工程（含土建）应作为一个项目，不得将一个独立项目分解为几个项目。水电生产技改项目必须针对单一项目单位，同一项目单位内部的技改项目可按站或同类设备立项。

3.3.2.3 生产运维项目

生产运维项目只针对生产设备运行、维护，涉及生产设备的日常维护、养护等，不发生大修、改造等内容。

3.3.2.4 财务专项项目

财务专项项目是指与生产设备无关（除检测、调查等，生产设备修缮内容不可列）；

不产生固定资产（含有形和无形）；与职工福利等不相关；研究开发、前期费用（注意费用出处明确）、管理用房修缮、检测调查等近年无类似项目。

3.3.2.5 研究开发项目

研究开发项目主要是针对列入上级综合计划的技术研究、群众性创新等类型的项目可进行立项。

3.3.3 规划及储备

3.3.3.1 项目滚动规划

项目滚动规划实行常态化动态管理，滚动年份为5年，编制应充分考虑各类专项整改、缺陷隐患治理、检测报告意见、生产现场实际需求、新技术应用、科技创新、安全文明环境提升等方面的项目立项需求。

3.3.3.2 项目储备

项目储备编制原则上依据滚动规划入库的项目，但可根据实际需求增加项目。项目责任部门在填报各类储备表时应明确项目负责人。

3.3.3.3 计划下达

工程项目计划文件（包括计划文、预安排文、财务预算文等）下达后，应进一步明确项目负责人、技术负责人、验收组长，并编制完成项目实施进度节点计划，每月进行节点维护。

3.3.3.4 初步设计阶段

编制可研报告的项目（除机组检修）应编制初步设计，其他水电生产大修或技改项目可不编制初步设计，直接编制施工图设计。

3.3.3.5 施工图设计阶段

在项目初步设计评审意见下达且工程全部设备材料技术参数确定后30天内，设计方应交付经有关主管部门或机构审查通过的且加盖公章的整套施工图设计文件。整套施工图设计文件应包含施工图设计总说明、施工图纸目录、主要设备、材料清单、工程施工图预算。

3.3.4 实施管理

3.3.4.1 开工准备

（1）项目负责人应在开工前向项目承包单位、监理单位提供满足施工需要的设计图纸和技术文件，如技术方案、工程量清单、施工图等资料。

（2）项目负责人应在开工前督促项目承包单位提交开工报审材料。

（3）项目负责人应在开工前组织各参建方召开设计交底、施工图会检及第一次工地例会。

（4）项目负责人应督促项目承包单位工作负责人或工作签发人按照《安规》规定，在三措一案（组织措施、技术措施、安全措施、施工作业方案）编制前组织开展现场勘察。

（5）要求监理的项目，在监理合同签订后，项目负责人应向监理单位发出监理入场通知单，监理单位收到监理通知后报送监理项目机构及人员安排的报告。

（6）在项目开工前应落实好现场作业人员安全准入工作，未落实不得开工。

（7）项目负责人应在开工前对项目承包单位、监理单位现场人员进行安全技术措施交底。

3.3.4.2　分包管理

项目承包单位进行专业分包或劳务分包的，应随同开工报审材料，依照项目工程项目承发包合法合规性向项目负责人报送分包资料。

项目责任部门、项目承包单位应加强对分包工程的安全、质量监督与管理。并在分包工程完工后根据有关供应商管理办法对分包商的履约情况进行评价，纳入供应商评价管理。

3.3.4.3　开工令签发

具备开工条件后，项目有监理的，在项目承包单位做好开工准备，经项目负责人现场勘察确认并做好安全技术交底，项目承包单位提交工程开工申请，由监理单位在征得项目负责人同意后发出开工令。项目若无监理，则由项目负责人签发开工令。

3.3.4.4　过程质量验收

（1）项目承包单位做好工程检验批材料、隐蔽验收材料、关键性工序施工记录材料（如影像资料等）、现场过程签证，并报送监理单位审核，监理单位审核报送项目负责人；

（2）监理单位做好监理日志、监理旁站记录、监理抽样记录、隐蔽验收记录，报送项目负责人。

3.3.4.5　进度管控

当项目进度产生偏差时，项目责任部门、监理单位应负责监督项目承包单位进行项目进度纠偏，必要时对照合同执行违约考核条款。

3.3.5　验收及归档

（1）项目实施完成后，承包单位应提交项目竣工资料、提出验收申请，有监理的项目，项目承包单位向监理单位提交竣工资料，监理单位审核整理后连同监理资料提交项目负责人。项目负责人在收到验收申请、竣工资料后履行竣工验收审批程序。

（2）验收后需整改的，应在验收单上明确整改期限，并督促项目承包单位限期提供整改反馈书面材料。

（3）项目负责人按照竣工验收资料编制的相关要求，组织编制项目竣工资料，提交到档案管理人员，完成归档工作。

3.4　合同管理

3.4.1　合同起草

（1）合同承办部门确定合同对方当事人应当采取招标、竞争性谈判、询价、单一来源采购、拍卖、直接委托或法律法规允许的其他方式。

（2）在确定合同对方当事人时，合同承办人应对合同对方当事人的主体资格和资信状况进行审查，确保其具备履约能力并符合资格要求。

（3）合同文本由承办部门负责起草。原则上以合同承办部门为主起草合同；合同由对方起草的，承办部门应对合同文本进行审核确认，再由承办人发起会签流转。

（4）合同标的涉及作品、发明、实用新型、外观设计、商标、商业秘密、集成电路布图设计或其他技术成果的，应按国家法律法规及相关规定约定知识产权条款。

（5）合同涉及国家秘密、商业秘密、工作秘密等非公开信息的，应按国家法律法规相关规定约定保密条款或签订保密协议，明确信息安全和保密义务与责任。

（6）合同应约定违约责任条款。违约责任承担方式应根据相关法律法规，并考虑合同权利义务、合同事项性质、对方当事人偿债能力等因素。

3.4.2　合同审核

（1）合同审核应当遵循应审必审、有效管控的要求，防范经营风险。

（2）合同审核流程：合同承办人提供合同文本以及签约依据，发起合同审核流程。合同经承办部门负责人审查后，送业务管理部门审核。业务管理部门审核通过后，由合同归口管理部门进行审核。合同归口管理部门审核通过后，由本单位有权审批人员进行审批。

（3）合同审核部门可根据岗位设置情况，对合同进行初审和复审，并出具审核意见。

（4）合同承办部门对审核人员退回修改的合同应尽快完成修改并重新提交审核。

（5）合同承办部门针对审核意见，评估相关风险后决定不采纳的，应在会签意见中向合同审核部门说明理由，并承担相应的责任。

（6）合同完成审核流转后，应按照相关规定进行编号。

3.4.3　合同签署

（1）合同承办部门负责办理合同文本装订、送签和用印，并确保签订文本内容完整，与审定文本一致。

（2）合同由法定代表人（负责人）签署。法定代表人（负责人）不亲自签署的，按照相关授权委托管理规定由被授权人签署。

（3）合同用印统一使用合同专用章，合同专用章由合同归口管理部门负责管理。

（4）未经公章管理部门和合同归口管理部门同意，不得以行政公章代替使用。

3.4.4　合同履行

（1）合同生效前，不得实际履行合同，涉及财务支出的不得付款。合同承办部门负责组织合同的履行，相关专业部门应开展相应的管理监督。

（2）合同履行过程中出现异常，合同承办部门应及时组织各专业部门讨论确定解决方式，依法维护合同承办部门权益。

（3）已生效的合同发生实质性变更、转让、解除时，由原合同承办部门与合同对方当事人就变更、转让、解除事宜协商一致，并按有关规定报相关领导审批。

（4）合同实质性变更、转让、解除，原则上须签订书面协议，由原合同承办部门承办。合同非实质性内容变更，原合同承办部门与合同对方当事人协商一致后，可采取合同当事人签署会议纪要等形式处理。

（5）发生合同争议的，先采用协商方式解决。协商能够达成一致且对合同进行修改的，应按规定订立书面协议。协商不成的，按合同约定采取调解、仲裁或诉讼方式解决争议。合同未约定争议解决方式的，按有关法律法规执行。

3.4.5 合同文件归档

合同承办部门负责合同文本等相关材料的收集、整理，并按档案管理相关规定移交归档。合同归口管理部门对承办部门的合同归档工作进行督促，并向档案管理部门提供咨询。

合同归档内容应包括合同签订依据等基础材料；合同谈判、签订、履行等往来过程中形成的会议纪要、备忘录、担保文件等具有法律效力的文件；合同对方当事人的营业执照、证明文件等材料；合同审批流程记录；合同文本原件；签约各方授权委托书原件或复印件；合同争议解决的有关材料；其他需要归档的材料。

3.5 物资管理

3.5.1 计划管理

计划管理包括研究制定物资管理的战略目标、发展规范，确定物资和服务的采购范围、采购实施模式、采购方式、采购组织形式、采购批次，需求计划预测管理、采购计划管理，统计分析和计划考评等。

计划管理主动参与项目前期等工作，统筹协调需求计划与综合计划、预算的关系，实时协同项目里程碑计划，确保合规、准确、及时。

需求计划指对外购置的物资和服务需求。需求计划结合仓储库存、未履约合同等资源，经综合平衡或平衡利库后形成采购计划。

为提高采购效率效益，对采购时间相近、具有同质性、能形成规模的采购计划进行汇总、归并，形成采购批次，按照统一时间节点同步组织实施。

采购方式指采购人为达到采购目标而在采购活动中运用的方法。对不同的采购需求，应采取适合的采购方式进行采购。包括以公开和邀请方式进行的招标、竞争性谈判、询价采购，以及单一来源采购。

采购组织形式是根据采购需求特点，在确定采购方式的前提下，为利于采购结果执行而采取的组织方式。包括批次采购、协议库存采购、框架协议采购等。

3.5.2 采购管理

采购是指以合同方式有偿取得货物、工程和服务的行为。采购活动是指为满足采购需求，依据相关法律法规，按照规定程序组织实施采购的过程。

采购管理是指对采购活动进行计划、组织、协调与控制，包括确定采购规则事项、明确采购程序要求、组织实施采购业务、审定采购结果等工作。

采购坚持"依法合规、质量优先、诚信共赢、精益高效"的原则。

3.5.3　物资质量监督

物资质量监督管理是对物资生产制造质量进行监督，服务于物资招标采购、电力建设及安全稳定运行的活动。物资质量监督管理工作不能代替项目管理或专业管理对物资的到货验收、交接试验等工作职责。

物资质量监督主要采取监造、抽检、巡检、出厂验收方式。

物资监造是依据采购合同、监造服务合同等，对设备生产制造过程关键点进行监督见证。物资抽检要全面覆盖合同供应商以及物资类别。出厂验收是依据采购合同，各方共同见证出厂试验，对设备质量进行确认。巡检是对制造厂的生产进度、生产环境、重要工艺环节、检验检测、原材料/组部件管理等进行巡视检查。

3.5.4　供应商关系管理

供应商关系管理主要包括供应商资质能力核实、绩效评价、不良行为处理、分类分级管理、服务等工作。

通过供应商资质能力核实，组织收集供应商信息，建立供应商信息库，实现信息共享，为招标采购提供信息支持。

建立供应商评价指标体系，对供应商生产规模、技术水平、产品质量、供货进度、营销业绩、价格水平、合同执行、服务保障、运行绩效等多维度进行综合评价。对供应商不良行为采取评标扣分、暂停授标、列入黑名单等处理措施，并予以公示。

3.5.5　仓储调配管理

仓储调配管理指对实体仓库、储备物资、仓库作业的管理。库存物资按定额储备、按需领用、动态周转、定期补库模式运作。调配管理包括调配需求、物资调度、调配执行、调配交接、调配结算等全过程管理。

3.5.6　应急物资管理

应急物资管理指对影响生产经营的突发事件（包括自然灾害、事故灾难、公共卫生、社会安全等事件）导致的物资应急保障需求，进行物资供应的组织、计划、协调与控制工作。

加强"平战结合"的组织保障、应急采购、物资储备和调配体系建设，完善"日常准备、预警响应、调度指挥、总结评估"机制，确保应急状态下保障供应。

应急状态下，按照"先利库、后采购"的原则，在储备物资无法满足需求的情况下，进行紧急采购。

3.5.7 废旧物资管理

废旧物资管理包括计划管理、技术鉴定、拆除回收、报废审批、移交保管、竞价处置、资金回收，以及再利用物资入库保存、利库调拨、资金结算等全过程管理。

废旧物资是指报废物资和再利用物资。报废物资指完成报废手续办理的固定资产、流动资产、低值易耗品及其他废弃物资等。再利用物资是指经技术鉴定为可使用的退出物资，包括经鉴定可利用的库存物资、结余退库物资、成本类物资等非固定资产性实物。

退出物资应建立盘活利用常态机制，加快库存周转，避免形成库存积压。

3.6 档案管理

3.6.1 组织要求

（1）配备与生产、建设、研发、经营和管理相适应的专职档案人员，保证档案人员相对稳定。档案工作纳入领导工作议事日程，纳入部门和有关人员经济责任制或岗位责任制，纳入规章制度和工作流程。

（2）成立由分管领导、职能部门、专业技术人员、档案人员组成的档案鉴定组织，负责确定文件材料保管期限和到期档案鉴定工作。

（3）档案人员应参加产品鉴定、可研课题成果审定、项目验收、设备开箱验收等活动，负责检查归档文件材料的完整性和系统性。

（4）下达项目计划任务应同时提出项目文件材料归档要求；检查项目计划进度应同时检查项目文件材料积累情况；验收、鉴定项目成果应同时验收、鉴定项目文件材料归档情况；开展项目总结应同时开展项目文件材料归档交接工作。

3.6.2 业务要求

（1）严格执行档案管理相关制度，采用统一的档案分类方案、归档范围和保管期限表。文件材料应按时归档，重大项目档案管理工作应与项目同步开展。档案文件材料应完整、准确、系统，其制成材料应有利于长久保存，图文字迹应符合形成文件设备（打印机、复印机、扫描仪等）标称的质量要求。

（2）归档文件材料应为原件，因故无原件的可将具有凭证作用的复制件归档并注明原件存放位置。非纸质文件材料应与其文字说明一并归档，外文（或少数民族文字）材料若有汉语译文的，应一并归档，无译文的要译出题目和目录后归档。归档文件材料一般一式一份，重要的、利用频繁的和有专门需要的可适当增加份数。具有永久保存价值或其他重要价值的电子文件，须制作纸质文件或微缩胶卷，同时归档。

（3）文件材料整理应遵循其形成的规律，区分保管期限，保持文件材料之间的有机联系。各门类文件材料的整理应符合相关标准要求及国家档案局相关规定。

（4）档案保存应依据档案载体选择档案柜或密集架，磁性载体应选择防磁设施，重要档案应异地备份。

（5）档案入库前一般应去污、消毒，受损档案应及时修复或补救。对于易损的制成材料和字迹，应采取复制手段加以保护。

（6）对已到保管期限但仍有保存价值的档案，应在组织鉴定后重新划定保管期限。对无继续保存价值的应登记造册，填写销毁清册。销毁清册永久保存。

（7）建立档案管理台账，定期记录（核对）档案库藏、出入库、利用、设施设备、销毁及责任人情况等。

（8）对可能发生的突发事件和自然灾害制定档案抢救应急措施，对档案信息管理的软件、操作系统、数据维护、防灾和恢复制定应急预案。

3.6.3 设施设备要求

（1）设置符合国家标准的档案库房，根据需要分开设置阅档室、档案业务技术用房及办公用房。

（2）档案库房应远离易燃、易爆物品和水、火等安全隐患，无特殊保护装置一般不宜设置在地下或顶层，档案库房楼层地面应满足档案及其装具的承重要求。

（3）档案库房应保持干净、整洁，并具备防火、防盗、防潮、防光、防鼠、防虫、防尘、防污染（八防）等防护功能。

（4）档案库房温度、湿度应符合《档案馆建筑设计规范》（JGJ 25—2010）、《磁性载体档案管理与保护规范》（DA/T 15—1995）、《电子文件归档与管理规范》（GB/T 18894—2002）的要求。

（5）档案库房应配备"八防"，空气净化，火灾自动报警，自动灭火，温度、湿度控制，视频监控等设施设备，并对运转情况进行定期检查、记录，及时排除隐患。

（6）档案柜架应牢固、耐用，并具有防火、防盗、防尘作用。非纸质载体档案有专用柜架。

（7）各类归档盒规格、式样和质量应符合《文书档案案卷格式》（GB/T 9705—2008）、《科学技术档案案卷构成的一般要求》（GB/T 11822—2008）、《归档文件整理规则》（DA/T 22—2000）和《照片档案整理规范》（GB/T 11821—2002）等的要求。

（8）档案业务技术用房应配备装订、打印、复印、摄影摄像、计算机、扫描仪等满足实际工作需要的设施设备。

3.7 后勤管理

后勤管理的目的是保证各项业务正常运作，为员工创造良好的工作环境，提高员工工作效率。主要工作有公务活动安排、公务接待、内外联系及出差的日常服务工作；办公用品的管理；车辆管理，包括车辆购置、使用、管理和报废工作；综合性会议的会务组织工作；食堂管理；环境卫生管理等。

4 安全管理

4.1 安全生产委员会制度

4.1.1 机构设置

安委会是水电站安全生产工作议事协调机构,贯彻党中央、国务院安全生产方针政策和决策部署,遵守国家安全生产法律法规,执行上级安全生产各项要求,研究部署安全生产工作。

安委会由主任、常务副主任、副主任和成员组成。安委会主任、常务副主任由水电站主要负责人担当,领导班子其他成员担任副主任。安委会成员由相关部门、机构负责人组成。

安委会下设办公室,简称安委办,设在安全监察部门,负责公司安委会的日常工作。安委办主任由分管生产的公司领导兼任,副主任由安全总监和安全监察部门负责人兼任。

4.1.2 主要职责

安委会负责研究部署、指导协调、监督检查安全生产工作,贯彻执行上级安全生产决策部署、指示批示,执行安全生产法律法规、方针政策;分析安全生产形势,研究解决安全生产重大问题;审定安全生产年度目标、工作任务、重要制度等,推进安全管理体系建设;督促落实全员安全生产责任制,规范安全秩序管理,落实安全风险分级管控和隐患排查治理;组织安全大检查和专项行动,对安全生产工作存在的突出问题进行通报、约谈、考核,督促落实安全工作部署;指导协调生产安全事故和突发事件的应急处置,研究事故调查处理和责任追究。

安委办在安委会领导下,负责综合协调、调研分析、监督落实安全生产工作,负责安委会日常工作,承担安委会会议组织、文件起草、制度拟定、议定事项跟踪督办等运转工作;负责安委会成员的日常协调联络,协调推动解决安全生产中的重要问题和安委会成员提出的安全生产工作有关重要事项;协调推动上级安全生产决策部署、重点任务和工作要求等贯彻落实;实施安全管理体系建设,开展安全生产督查检查、专项行动等,监督安全生产责任落实、双重预防机制运转、安全制度规程执行等,提出安全考核奖惩意见;开展安全生产方针政策和重要措施调查研究,分析安全生产主要问题和风险,提出意见建议,及时报告通报;督促安全生产问题整改,对典型事件调查处理、重点问题隐患排查治理进行督办；组织或参与应急演练，协调生产安全事故调查处理、突发事件应急处置。

按照"管行业必须管安全、管业务必须管安全、管生产经营必须管安全"和"谁主管、谁负责"原则，建立并动态更新安全生产工作任务分工，各部门对照任务分工履行专业范围内的安全管理主体责任和专业安全监管责任。

4.1.3　工作制度

安委会全体会议原则上每年召开 1~2 次，第一次会议在每年第一个工作日召开，研究部署年度安全生产工作和目标任务；第二次会议结合年度重点任务等适时召开。会议形成纪要或者印发内部情况通报。

不定期召开安委会专题会议，落实公司党组安全生产部署，研究安全生产专项工作。专题会议原则上每年召开 2~3 次。会议形成纪要或者印发内部情况通报。

4.1.4　督查督办制度

安委会部署的安全生产督查检查、专项行动等，由安委办组织实施，相关成员部门参与。工作结束后形成报告，向安委会报告，并通报相关成员部门。

安委会决策部署、会议议定事项，由安委办制定任务清单，明确工作要求、责任分工、完成时限等，对落实情况进行跟踪督办，并向安委会报告。经认定构成重大事故隐患、重大安全风险的，或者可能对安全生产造成重大影响的，安委办组织对风险防控、隐患治理、问题整改等工作进行督办，强化措施落实。

4.1.5　通报报告制度

安委办结合实际编发简报、通报，学习传达安全生产指示批示、决策部署等，通报安全形势、工作进展、典型事件、突出问题等，提出措施要求，交流工作经验。

安委办每季度总结分析安全生产情况，形成安全简报，在季度会议上通报；每年将重大事故隐患排查治理情况向职代会报告。安委办调查了解、综合分析安全生产情况，发现重要情况、突出问题，及时向安委会报告。安委会各成员部门调查、掌握业务范围内安全生产情况，发现重要情况、突出问题，与安委办沟通协调，及时向安委会报告。

4.1.6　警示约谈制度

对存在安全生产苗头性问题、安全生产局面不稳定、发生事故事件等，视问题严重程度开展安全警示约谈。安全警示约谈由安委办书面通知有关部门，告知事由、时间、地点、参加人员等，完成后形成纪要，并对措施落实情况进行核查。被约谈部门按照约谈意见，认真制定并落实整改措施，完成情况报告安委办。

4.2 安全生产责任制及落实

4.2.1 安全生产责任制

安全生产责任制是根据"安全第一，预防为主，综合治理"安全生产方针和安全生产法规建立的各级领导、职能部门、工程技术人员、岗位操作人员在劳动生产过程中对安全生产层层负责的制度。

4.2.2 管理要求

（1）实行以各级行政正职为安全第一责任人的安全生产责任制，建立健全有系统、分层次的安全生产保证体系和安全生产监督体系。安全监察部门为安全生产责任制归口管理部门，负责对水电站进行全面安全监督管理。

（2）落实安全生产职责，保证员工在电力生产活动中的人身安全，保证水电站安全稳定运行和可靠供电，保证国家和投资者的资产免遭损失。

（3）贯彻"谁主管、谁负责"原则，做到计划、布置、检查、总结、考核生产工作的同时（五同时），考核安全工作。

（4）各部门、各岗位应有明确的安全职责，做到责任分担。

4.2.3 责任书的编制与签订

（1）每年年初由水电站安全生产第一责任人根据安全生产需要，做出安全生产目标责任书编制的决定。

（2）安全监察部门组织制定水电站年度"安全生产目标"，水电站安全第一责任人与各部门安全第一责任人签订"安全生产目标责任书"。

（3）各部门细化分解安全生产目标，制定各班组"安全生产目标责任书"，由部门安全第一责任人与各班组长签订"安全生产目标责任书"。

（4）各班组根据承担的安全生产目标，制定班组内各岗位的"安全生产目标责任书"，由班组长与每位员工签订"安全生产目标责任书"。

（5）责任书一式两份，责任人和考核人双方签名，记录存档。

4.2.4 检查责任制落实

（1）各岗位人员应严格按责任制要求履行岗位职责。

（2）各部门每月开展安全生产目标管理的检查与评价，对安全生产目标管理出现偏差的班组进行专项检查，分析安全生产中存在的问题，制定改进措施。

（3）安全监察部门每月开展对各部门安全生产目标管理的检查与评价，对安全生产目标管理出现偏差的部门开展专项监督，分析安全生产中存在的问题，制定改进措施，并对措施落实情况进行督察，必要时进行安全预警。

（4）按照安全奖惩规定，安全监察部门负责对各部门年度安全生产目标完成情况提出考核意见，经分管生产副总经理审核，总经理批准后执行。

4.3 反事故措施管理

4.3.1 定义和内容

反事故措施是针对生产中的薄弱环节、设备缺陷、不安全因素，有计划、有重点地采取措施，定期编制成计划、改善设备运行状况、消灭人身和设备事故，是防止重大事故发生、确保人身和设备安全的防范措施。

水电站重大反事故措施主要包括防止人身伤亡事故、防止大坝破坏事故、防止厂房损坏事故、防止输水结构损坏事故、防止水轮机损坏事故、防止发电机损坏事故、防止主变压器设备损坏事故、防止调速器系统损坏事故、防止主进水阀（闸）损坏事故、防止承压设备损坏事故、防止金属结构损坏事故、防止开关站设备损坏事故、防止全厂停电及厂用电设备损坏事故、防止监控及自动化系统事故、防止励磁系统和静止变频器事故、防止继电保护误动作事故、防止火灾和交通事故、防止重大环境污染事故、防止水淹厂房事故补充措施。

4.3.2 计划编制

（1）年度反事故措施计划应由分管业务的领导组织，以运维检修部门为主，各有关部门参加制定。

（2）反事故措施计划应根据上级颁发的反事故技术措施、需要治理的事故隐患、需要消除的重大缺陷、提高设备可靠性的技术改进措施以及本单位事故防范对策进行编制。

（3）反事故措施计划应纳入检修、技改计划。安全性评价结果、事故隐患排查结果应作为制定反事故措施计划和安全技术劳动保护措施计划的重要依据。防汛、抗震、防台风、防雨雪冰冻灾害等应急预案所需项目，可作为制定和修订反事故措施计划的依据。

4.3.3 实施和监督

（1）优先从成本中据实列支反事故措施计划所需资金。

（2）安全监察部门负责监督反事故措施计划的实施，并建立相应的考核机制，对存在的问题应及时向主管领导汇报。

（3）定期检查反事故措施计划的实施情况，并保证反事故措施计划的落实；列入计划的反事故措施若需取消或延期，必须由责任部门提前征得分管领导同意。

4.4 安措管理

4.4.1 定义和内容

安全技术劳动保护措施，简称"安措"，是指以改善劳动条件、防止发生员工伤亡事故、预防职业病为主要内容的安全技术措施和职业健康措施。编制和实施安措计划的目的是改善生产现场作业环境、劳动条件，防止职业病，消除生产过程中存在的各种不安全因素，保证员工安全和健康，实现安全生产的目标。

安措计划的内容：

（1）安全工器具和安全设施。

1）为防止人员触电、高处坠落、机械伤害、物体打击、环境（粉尘、毒气、噪声、电磁、高温）伤害等事故，保障工作人员安全的各种电力安全工器具，配备及其维护；

2）安全围栏（网、带）、安全警示牌（线）等确保作业过程中人员安全的设备与设施，及其维护；

3）对电力安全工器具和安全设施进行检测、试验所用的设备、仪器、仪表等；

4）安全工器具及其外委试验、保管所需设施；其他保护员工安全的设备与设施。

（2）改善劳动条件和环境。

1）防止误操作所需要的各种装置、工器具、带电检测设备、计算机和软件等；

2）高空作业车、高空检修架等作业安全装备的配置及维护；

3）生产场所必需的消防器材、工具以及火灾探测、报警、防火隔离等设施和措施；

4）蓄电池室、油罐室、油处理室、氧气和乙炔气瓶库等易燃易爆品的防火、防爆、防雷、防静电、通风、照明等措施、设施；

5）生产场所工作环境（如照明、护栏、盖板等）的改善；

6）危险品储存、使用、运输、销毁所需要的设备、器材和应采取的安全措施；

7）事故照明、抢修现场的移动照明设备；

8）对可能存在有毒有害危险的作业环境进行检测的设施和设备。

（3）教育培训和宣传。

1）安全生产管理人员从事生产经营活动相应的安全生产知识和管理能力等的培训；

2）员工相应的安全生产知识，正确使用安全工器具和安全防护用品、紧急救护知识、消防器材使用等的培训；

3）购置或编印安全技术劳动保护的资料、器具、刊物、宣传画、标语、幻灯片及电影片等；

4）安全生产知识的考试以及试题库的建立、完善、维护和使用。

（4）其他。

1）人员伤亡应急处理预案的演练所需的费用；

2）安监工作必需的交通、录音、录像、摄影等设备和装备；

3）安全信息网络平台建设。

4.4.2 计划编制和核准

安措计划编制应遵循需要、可行、有效、经济的原则，按轻重缓急，突出治理重点，优先解决严重影响员工安全与健康的问题。

安措计划编制依据：国家公布的劳动保护法律、法规、规章和职业安全卫生健康标准；电力行业颁发的规程、规定以及上级安全通报提出的防范措施；风险评估（安全评价）、安全检查、专项安全监督、反事故检查、事故隐患排查等安全监督与管理活动中，提出的防范措施以及消除安全隐患的措施；有关安全生产、职业安全健康方面的职代会决议和合理化建议。

安措计划中应明确项目及其内容、资金、执行和完成时间、责任部门、执行部门。分管安全生产工作的领导组织相关部门对年度安措计划和项目内容进行核准。项目支出的性质分别纳入生产性技改、大修、培训、技术开发等业务计划中。

年度安措计划需由安全总监负责审核，分管安全领导审定后报行政正职批准。安措计划正式核准后，应以正式文件下达至各执行部门或单位。

优先安排安全技术劳动保护措施计划所需资金。安全技术劳动保护措施计划所需资金每年从更新改造费用或其他生产费用中提取。

4.4.3 实施和验收

（1）安措计划项目所需资金纳入预算管理，经批准后执行。应统筹安排、周密计划，保证年度安措计划项目资金落实到位。

（2）安措计划项目实施要严格计划管理，列入年度工作计划，在规定的期限内完成所承担的安措计划项目。在制定月度工作计划时，必须把当月应执行的安措项目列入计划，保证安措计划的完成。

（3）安措计划项目完成后，应由项目责任部门组织进行验收。对于重大安措项目，应由主管领导组织相关部门，会同项目责任部门进行竣工验收。安措计划项目验收报告应汇总至安全监察部门备案。

4.4.4 监督管理

（1）每年度安措计划完成情况列为相关部门考核指标之一。

（2）安全监察部门负责按月度对安措计划项目实施情况进行监督检查，及时发现问题，采取措施，对存在的问题应及时向主管领导汇报。

（3）监督内容：监督各生产部门将所有应该纳入的安措计划项目纳入年度、季度和月度计划内；监督各有关部门是否按各自岗位职责落实已列入计划的项目，是否能及时提出有关的技术措施，保障设备器材供应、落实资金等，以确保计划项目如期完成；定期检查安措计划完成情况（或未按期完成的原因）、措施的效果，并作出评价，向分管领导提出书面报告。

（4）安全监察部门应全面掌握安措计划完成情况，进行年度工作总结，评价安措计划项目的效果，按时上报安措计划的执行情况。

（5）经批准的安措计划原则上不应修改，只有在下列情况时方可由执行单位提出申请修改的理由，经正常程序批准修改：物资材料虽经再三催促仍不能到货、发生事故而必须修改计划、其他非主观努力所能克服的困难。

（6）安措计划的修改应经安全监察部门审查报分管安全生产领导批准。

4.5　反违章管理

4.5.1　违章界定

违章是指在电力生产活动过程中，违反国家和电力行业安全生产法律法规、规程标准，违反安全生产规章制度、反事故措施、安全管理要求等，可能对人身、电网和设备构成危害并容易诱发事故的管理的不安全作为、人的不安全行为、物的不安全状态和环境的不安全因素。违章分类见表4-1。

表 4-1　　　　　　　　　　　　　　违章分类

序号	分类依据	违章类型	定义		
1	按照性质分	行为违章	现场作业人员在电力建设、运行、检修、营销服务等生产活动过程中，违反保证安全的规程、规定、制度、反事故措施等的不安全行为		
2		装置违章	生产设备、设施、环境和作业使用的工器具及安全防护用品不满足规程、规定、标准、反事故措施等的要求，不能可靠保证人身、电网和设备安全的不安全状态和环境的不安全因素		
3		管理违章	各级领导、管理人员不履行岗位安全职责，不落实安全管理要求，不健全安全规章制度，不执行安全规章制度等的各种安全管理不作为		
4	按照情节及可能造成的后果分	严重违章	可能直接造成人身、电网、设备事故，或虽不直接对人身、电网、设备造成危害，但性质恶劣、安全风险突出的违章现象。严重违章按严重程度由高到低分为Ⅰ类、Ⅱ类、Ⅲ类严重违章		
5			Ⅰ类严重违章	Ⅱ类严重违章	Ⅲ类严重违章
			主要包括违反《中华人民共和国安全生产法》《刑法》等要求的管理和行为违章	主要包括近年安全事故（事件）暴露出的管理和行为违章	主要包括安全风险高、易造成安全事故（事件）的管理和行为违章
6		一般违章	除严重违章外，其余均为一般违章		

4.5.2 工作机制

（1）完善安全规章制度。根据国家安全生产法律法规和公司安全生产工作要求、生产实践发展、电网技术进步、管理方式变化、反事故措施等，及时修订、补充安全规程规定等规章制度，从组织管理和制度建设上预防违章。

（2）健全安全培训机制。分层级、分专业、分工种开展安全规章制度、安全技能知识、安全监督管理等培训，从安全素质和技能培训上提高各级人员辨识违章、纠正违章和防止违章的能力。

（3）开展违章自查自纠。充分调动基层班组和一线员工的积极性、主动性，紧密结合生产实际，鼓励员工自主发现违章，自觉纠正违章，相互监督、整改违章。

（4）执行违章"说清楚"。对查出的每起违章，应做到原因分析清楚，责任落实到人，整改措施到位。在分析违章直接原因的同时，还应深入查找其背后的管理原因，着力做好违章问题的根治。对性质特别恶劣的违章、反复发生的同类性质违章，以及引发安全事件的违章，责任单位要到上级单位"说清楚"。

（5）建立违章曝光制度。在网站、公示栏等内部媒体上开辟反违章工作专栏，对事故监察、安全检查、专项监督、违章纠察（稽查）等查出的违章现象，予以曝光，形成反违章舆论监督氛围。

（6）开展违章人员教育。对严重违章的人员，应进行教育培训；对多次发生严重违章或违章导致事故发生的人员，应进行待岗教育培训，经考试、考核合格后方可重新上岗。

（7）推行违章记分管理。根据违章种类和违章性质等因素，分级制定违章减分和反违章加分规则，并将违章记分纳入个人和单位安全考核以及评选先进的依据。

（8）开展违章统计分析。以月、季、年为周期，统计违章现象，分析违章规律，研究制定防范措施，定期在安委会会议、安全生产分析会、安全监督（安全网）例会上通报有关情况。

（9）深入开展反违章活动。总结反违章活动工作经验，深入开展安全生产专项活动，开展"无违章班组""无违章员工"等创建活动，大力宣传遵章守纪典型。

4.5.3 监督检查

（1）加强反违章工作监督检查，建立上级对下级检查、同级安全生产监督体系对安全生产保证体系进行督促的监督检查机制。

（2）反违章监督检查应通过事故监察、安全检查、专项监督、违章纠察（稽查）等形式，采取计划安排、临时抽查、突击检查等方式组织开展。

（3）根据实际需要，应安排或聘请熟悉安全生产规章制度、具备较强业务素质、具有反违章工作经验且责任心强的人员，组成反违章监督检查专职或兼职队伍。

（4）制定反违章监督检查标准，明确监督检查内容，规范监督检查流程，建立反违章监督检查标准化工作机制。

（5）配足反违章监督检查必备的设备（如录音、照相、摄像器材，望远镜等），保证交通工具使用，提高监督检查效率和质量。

（6）反违章监督检查一旦发现违章现象，应立即加以制止、纠正，说明违章判定依据，做好违章记录，必要时下达违章整改通知书，督促落实整改措施。

（7）建立现场作业信息网上公布制度，提前公示作业信息，明确作业任务、时间、人员、地点，主动接受反违章现场监督检查。

4.5.4 惩处措施

对反违章工作成效显著或及时发现纠正违章现象、避免安全事故发生的应予表扬和奖励。对反违章工作组织不力、因违章而导致安全事故发生的应给予批评和处罚。违章考核实行"自查、自纠、自处"的原则，本级发现并按规定给予考核的，上级不再进行考核。班组自查自纠、作业现场工作班成员间及时发现并纠正的违章行为可不记分，但应进行记录。

4.5.4.1 严重违章惩处措施

（1）发现严重违章，违章查处单位要及时下发违章通知单，并在通知单中注明严重违章，责成违章单位按照"三个必须"（管行业必须管安全、管业务必须管安全、管生产经营必须管安全）原则对违章责任人和负有管理责任的人员进行惩处。

（2）外包单位人员发生严重违章，在按照上述原则对负有外包管理责任的人员进行惩处的同时，对外包单位人员要停工学习、重新准入，考试合格后方可进场作业；对重复发生严重违章的责任人，取消准入资格，1年内禁入作业，期满自动解除禁入。

（3）安全监察部门要及时向各部门和纪检监察机构通报严重违章主要责任人信息，在评先、评优等方面对其"一票否决"。

（4）对多次发生严重违章的，由上级违章查处单位进行约谈。

（5）严重违章惩处措施落实后，责任单位应在7日内将处理意见报违章查处单位，15日内以本级安委会文件上报整改报告，同时上级违章查处单位要在本单位范围内通报。惩处相关文件、单据应在责任单位安监部留存，备查。

4.5.4.2 一般违章惩处措施

发现一般违章，违章查处单位要及时下发违章通知单，责成违章单位整改。违章查处单位在周（月）安全例会上对违章问题进行曝光，并在本单位范围内发文通报。

4.6 防误管理

4.6.1 基本原则

防止电气误操作包括一次电气设备"五防"和二次设备防误。

一次电气设备"五防"功能：防止误分、误合断路器（开关）；防止带负荷拉、合隔离开关或进、出手车；防止带电挂（合）接地线（接地开关）；防止带接地线（接地地关）合断路器、隔离开关；防止误入带电间隔。

二次设备防误应做到：防止误碰、误动运行的二次设备；防止误（漏）投或停继电保护及安全自动装置；防止误整定、误设置继电保护及安全自动装置的定值；防止继电保护及安全自动装置操作顺序错误。

4.6.2 机构设置和职责

成立防止电气误操作工作领导小组，由总工程师任组长，安监部归口管理防误工作，设防误专责人、防误装置运行管理专责人、防误装置维护管理专责人。

4.6.2.1 防误领导小组职责

（1）负责监督防误工作各项管理制度的落实。

（2）检查、督促、考核防误工作的执行情况。

（3）定期听取、分析防误工作存在的问题并提出下一步的工作意见。

（4）贯彻上级关于防误工作的规定和指示精神，对防误工作的管理规定、重大技术措施和反事故措施提出编制或修订意见。

（5）审核批准防误专业年度工作计划和工作总结，定期检查防误工作落实情况，每年组织召开一次防误工作专业会议。

（6）审核批准防误装置技术进步措施、防误技改工程项目技术方案和项目实施方案。

（7）组织电气误操作事故的调查分析，制定反事故措施。

4.6.2.2 防误专责人职责

（1）认真贯彻上级关于防误工作的规定和指示精神。

（2）制定防误工作实施细则。

（3）负责防误工作的日常管理。

（4）组织电气误操作事故的调查分析，制定反事故措施。

（5）监督各项防误组织措施和技术措施的落实。

（6）组织编制防误装置的运行、验收、维护、检修、台账管理、备品备件管理等规章制度，明确防误装置管理的各项职责分工。

（7）负责督促检查防误装置的试验、运行维护和消缺等工作。

（8）上报年度防误工作总结、统计报表及工作计划。

（9）负责完成上级下达的防误工作，制定年度防误装置改造计划，并纳入安全技术劳动保护措施计划中。

（10）制定防误装置改造的技术、选型方案，组织方案实施、设计施工图审查和验收。

（11）定期分析检查防误装置运行管理情况。对防误装置的缺陷、解锁情况应按月进行综合统计分析。

（12）组织防误装置的技术培训。

4.6.2.3 防误装置运行管理专责人职责

（1）严格贯彻上级有关防止电气误操作的各项管理规定。

（2）负责督促检修维护人员及时消除防误装置缺陷，对重要、频繁或长期缺陷应提出防范措施，并及时向防误专责人报告。

（3）及时统计电气防误装置安装率、投入率、完好率。

（4）督促电气防误装置安装率、投入率、完好率应达到100%。

（5）及时提交防误监督月报、防误装置运行管理工作总结。

（6）负责组织运行人员学习有关电气误操作事故通报，并对照检查，落实整改措施。

（7）开展电气防误操作培训，定期检查掌握情况。

4.6.2.4 防误装置维护管理专责人职责

（1）严格贯彻执行上级有关防止电气误操作的各项管理规定。

（2）建立健全管辖设备防误装置的技术台账，结合设备检修组织完成防误装置的检定试验等工作。

（3）定期对管辖范围内的防误装置进行试验、检查，以确保装置整体正常工作。

（4）检查并组织消除管辖设备防误装置缺陷，保证防误装置的投入率和可靠性，对专业检查中发现的问题及时组织整改，对重要、频繁或长期缺陷应提出防范措施，并及时向防误专责人报告。

（5）负责防误装置备品备件计划、使用和管理。

（6）负责组织检修维护人员学习有关电气误操作事故通报，并对照检查，落实整改措施。

（7）报送防误检修维护、消缺、改造等情况的工作报告。

4.6.3 防误装置使用管理

定期巡检、红外测温等解锁频次高、不涉及设备操作的解锁工作，在使用微机防误计算机钥匙解锁时，由单位指定并经书面公布的人员到现场核实无误，并在《微机防误装置解锁使用登记簿》签字后才能进行开锁。水电站微机防误装置解锁使用登记簿见表 4-2。

表 4-2　　　　　　　　　　水电站微机防误装置解锁使用登记簿

序号	解锁用途目的	防误装置运行管理专责人意见、签名	当班值长意见、签名	解锁操作人、监护人签名	使用解锁起/止时间 年 月 日 时 分
1					
2					
3					
⋮					

注　定期巡检、红外测温及其他解锁频次高、不涉及设备操作的解锁工作，应用微机防误计算机钥匙解锁时，使用本登记簿。

针对倒闸操作过程中，因有电闭锁装置、防误芯片编码无法识别、锁具损坏及其他原因等异常解锁的，由于其误解锁存在的安全隐患极大，在履行以上规定的基础上，需使用《水电站防误解锁取用安全管控卡》，签字后才能进行开锁，见表 4-3。

表 4-3   **水电站防误解锁取用安全管控卡**

编号：_____

水电站名称：×× 水电站

操作（检修）任务名称：_____

操作人：_____ 监护人：_____ 日期：_____年_____月_____日

工作节点	管控要点	检查项目 （操作人、监护人填写，现场复诵）		检查情况 （审批人负责）
准备阶段	防止随意取用	取用原因（编码无法识别，锁具锈蚀卡涩或其他具体原因）		
		确认审批人资质文件名称及文号		
		取用解锁钥匙的时间（时、分）：		
解锁阶段	防止走错间隔	需取用解锁钥匙的设备双重名称（第 1 把锁）	名称：	
			编号：	
		需取用解锁钥匙的设备双重名称（第 2 把锁）	名称：	
			编号：	
操作阶段	防止走错间隔	解锁完成，重新进行操作时，严格按照倒闸操作票进行，特别是要重新进行设备双重名称的复诵，防止走错间隔；若合接地刀闸，必须按操作票要求验电		
解锁结束	防止保管不当	将解锁钥匙重新进行封存到本站专用的钥匙盒或钥匙管理机的时间（时、分）：		

注　1. 倒闸操作过程中，因有电闭锁装置故障、防误芯片编码无法识别、锁具损坏及其他原因异常解锁的，需填用本管控卡。

　　2. 本卡的操作、监护人与本次倒闸操作的操作人、监护人需为同组人；如果为检修解锁，操作人为检修工作负责人、监护人为工作票许可人。审批人是指经本单位指定并经书面发布的防误解锁批准人。

　　3. 本卡按自然年份＋三位数顺序按运维班编号、保存不少于 1 年，如 2019001。

防误闭锁装置应保持良好的运行状态，现场运行规程中对防误装置的使用应有明确规定，电气闭锁装置应有符合实际的图纸。

防误装置的运行巡视等同主设备，运行人员巡视发现的缺陷应录入生产运行管理系统并及时上报。具体应巡视以下方面：锁具是否完好（含防雨罩）、锁具安装是否牢固、电磁锁按钮按压是否灵活、带电显示装置自检功能是否完好。

运行值班人员（或运行操作人员）应熟悉防误管理规定和实施细则，并做到"三懂两会"（懂防误装置的原理、性能、结构；会操作、维护），经考试合格上岗。新上岗的运行人员应经过使用防误装置的培训。

正常情况下，防误装置严禁解锁或退出运行，以任何形式部分或全部解除防误装置功能的电气操作，均视作解锁。防误装置整体停用应经总工程师批准，并报安全监察部门备案。同时，要有相应的防止电气误操作的有效措施，并加强操作监护。

解锁工具的管理及使用规定如下。

（1）使用解锁工具（钥匙）必须履行审批制度，同时应做好记录。

（2）防误装置及电气设备出现异常，要求个别步骤解锁操作，应由防误装置运行管理专责人或运维管理部门指定并经书面公布的人员到现场核实无误，确认需要解锁操作，并在解锁钥匙使用记录本上签名批准使用后，由值班员报告当班值长，省调管辖设备还应由当班值长报告省调当值调度员后，方可使用解锁工具，并在运维人员的监护下操作。如防误装置运行管理专责人确实无法到达现场，运行部门当日值班领导应到现场替代防误装置运行管理专责人履行其职责，并报各单位当日值班领导同意后，方可进行解锁操作。使用解锁工具（钥匙）均需记录使用原因、日期、时间、使用者、批准人姓名。

（3）运行操作中防误装置发生异常时，应及时报告当班值长，查明原因，确认操作无误，若使用解锁工具（钥匙），必须履行批准手续后方可使用解锁工具（钥匙）。

（4）若遇危及人身、电网和设备安全等紧急情况需要解锁操作，可由当班值长下令紧急使用解锁工具（钥匙），并由当班值班长报告防误装置运行管理专责人，记录使用原因、日期、时间、使用者、批准人姓名。紧急情况解除后当班运行人员应在解锁工具（钥匙）使用记录本补填使用原因、日期、时间、使用者、批准人姓名，防误装置运行管理专责人、防误专责人分别确认后签名。

（5）进行解锁操作时，必须实行双重监护。任何情况下使用万用钥匙解锁，都应由值班人员亲自操作，严禁将万用钥匙借给检修人员或其他人员使用。

（6）在以下单一情况下，可以不履行解锁审批程序，由当班值长和防误装置运行管理专责人批准后进行现场解锁操作。需打开带电设备的网门、柜门让专业人员进行带电检测工作，如热红外测温等工作，但必须做好安全措施，办理电气第二种工作票，从打开网门或柜门到工作后关上网门或柜门，值班人员不得离开工作现场，予以工作配合并进行监护；在危及人身、电网、重要设备安全且确需解锁的紧急情况下，可以对断路器进行解锁操作，但事后应做好记录并汇报。

（7）微机防误万用钥匙应存放在明显位置的专门钥匙盒内，由运行值长负责保管。每次使用完万用钥匙，都必须在"使用登记表"中进行登记，交接班应对万用钥匙的保管情况进行认真交接，并在运行值班日志中进行记录。严格执行万用钥匙的使用范围，严禁超范围审批使用，特殊情况下需超范围使用，审批人必须到现场监护操作。

（8）防误锁是用来防止运行人员误操作的一种措施，只能由运行人员使用，严禁外借。

（9）下列情况必须加挂机械锁，机械锁要一把钥匙开一把锁，钥匙要编号并妥善保管。

1）未装防误闭锁装置或闭锁装置失灵的隔离开关手柄和网门；

2）当电气设备处于冷备用时，网门闭锁失去作用时的有电间隔网门；

3）设备检修时，回路中的各来电侧隔离开关操作手柄和电动操作隔离开关机构箱的箱门。

（10）待用间隔（母线连接排、引线已接上母线的备用间隔），其隔离开关操作手柄、网门应加锁。

（11）运行人员倒闸操作前应核对防误系统设备状态与现场一致，并在防误系统上进行模拟预演。倒闸操作后立即将防误装置恢复到闭锁可用状态，并核对防误系统设备状态与现场一致。

4.6.4　防误装置维护检修

（1）防误装置日常运行时应保持良好的状态；运行巡视及缺陷管理应等同主设备管理；每年春季、秋季检修预试前，应对防误装置进行普查，保证防误装置正常运行。

（2）防误装置检修维护工作应有明确分工和专人负责；检修项目与主设备检修项目协调配合，一次设备检修时应同时对相应防误装置进行检查维护，检修验收时应对照防误规则表对防误闭锁情况进行传动检验。

（3）应定期对防误装置进行状态评价，确定大修、维护和技术改造方案。

（4）在防误装置生命周期内，应结合电池、主机等关键部件的使用寿命，做好更换工作，以保证防误装置正常运行。对运行超年限、不满足反措要求或缺陷频繁发生的防误装置应进行升级或更换。

4.7　消防安全管理

4.7.1　基本原则

消防安全管理坚持"预防为主、防消结合"的消防工作方针，按照"政府统一领导、单位全面负责、部门齐抓共管、员工人人参与"的原则，坚持"谁主管谁负责、管业务必须管安全"，实行单位主要领导负责制，分级、分部门管理，共同做好消防安全工作。

建立消防安全责任制，坚持安全自查、隐患自除、责任自负。安全生产委员会是本单位消防安全工作的领导机构；单位主要负责人是本单位消防安全责任人，对单位消防安全工作全面负责；其他各分管负责人对分管工作范围内的消防安全负责。

建立健全消防安全保证和监督体系，各专业管理部门是本单位消防工作保证部门，安全监察部门是本单位消防安全监督部门。

4.7.2　安全职责

1. 消防安全责任人职责

（1）贯彻执行消防法规，保障单位消防安全符合规定。

（2）将消防工作与安全生产、经营管理等活动统筹安排，批准实施年度消防工作计划。

（3）组织确定逐级消防安全责任，批准实施消防安全制度和保障消防安全的操作规程。

（4）督促落实火灾隐患整改，及时处理涉及消防安全的重大问题。

（5）组织制定灭火和应急疏散预案，以及培训和演练计划。

根据消防法规的规定和实际情况，建立专职消防队（或志愿消防队）、微型消防站；及时、如实报告火灾事故信息，落实事故处理"四不放过"（事故原因未查清不放过、责任人未处理不放过、整改措施未落实不放过、有关人员未受到教育不放过）要求。

2. 消防安全管理人职责

（1）组织制定年度消防工作计划，组织实施日常消防安全管理工作。

（2）组织制定消防安全管理制度和保障消防安全的操作规程，并检查督促其落实。组织实施防火检查和火灾隐患整改工作。

（3）组织实施消防设施、灭火器材和消防安全标志维护保养，确保其完好有效，确保疏散通道和安全出口畅通。

（4）组织管理专职消防队（或志愿消防队）、微型消防站。

（5）组织对员工进行消防知识的宣传教育和技能培训，以及灭火和应急疏散预案的实施和演练。

（6）定期向单位消防安全责任人报告消防安全情况，及时报告涉及消防安全的重大问题。

（7）未确定消防安全管理人的单位，本条规定的消防安全管理工作由单位消防安全责任人负责实施。

3. 各专业管理部门职责

（1）在各自职责范围内依法依规做好本专业的消防安全工作，并对本专业范围消防安全工作全面负责。

（2）落实消防安全责任制，建立健全专业消防安全管理制度和标准规范。

（3）制定和执行各岗位消防安全职责、消防安全操作规程、消防设施运行和检修规程等制度，组织制定重要场所及重点部位的消防应急预案，并定期开展演练。

（4）组织开展消防安全检查和火灾隐患整改工作。

（5）落实"新建、改建、扩建工程的消防设施必须与主体设备（项目）同时设计、同时施工、同时投入生产或使用"的规定及"双验收"要求。

（6）定期报告消防安全情况，及时报告涉及消防安全的重大问题。

（7）制定年度消防工作计划。

（8）确定消防安全重点部位，建立消防档案。

（9）负责消防安全标志设置，做好消防设施、安全标志、器材配置、检验、维修、保养等管理工作，确保完好有效。

（10）组织开展消防安全宣传教育和消防安全培训。

4. 安全监督部门职责

（1）监督同级部门及下属单位贯彻执行消防法规、制度和标准。

（2）制定年度消防安全监督工作计划，制定消防安全监督制度。

（3）组织消防安全监督检查，建立消防安全监督检查、火灾隐患和处理情况记录，督促隐患整改。

（4）定期向消防安全管理人报告消防安全情况，及时报告涉及消防安全的重大问题。

（5）对消防安全工作开展情况进行监督、评价和考核。

（6）通过事故快报、安全情况通报等方式，及时发布消防安全信息。

（7）协助政府应急管理部门、消防救援机构对火灾事故进行调查。

（8）对消防安全责任不落实、履行责任不力、失职渎职的实行问责。

（9）组织开展消防安全监督教育培训。

同一建筑物由两个以上单位管理或者使用的，应当明确各方的消防安全责任，并确定责任人对共用的疏散通道、安全出口、建筑消防设施和消防车通道进行统一管理。

委托物业单位管理时，应在合同中明确各方的消防安全责任。房屋对外出租，以及租赁外单位房屋，应在合同中明确各方的消防安全责任，并在其使用、管理范围内履行消防安全职责。

4.7.3 消防设施运行

水电站投入运行时，消防设施应同时投入运行。消防设施检修维护等暂时退出运行，应采取可靠的临时应急措施。消防值班室应存放消防系统图、设备管路布置图、电源接线图、设备布置图、运行规程等。值班人员应对火灾报警控制器进行日检查并记录。发生火灾时，值班人员应及时进行火灾处置并报警。

4.7.4 消防设施维护

消防设施维护包括巡查、维护保养、维修和检测等工作。明确消防设施维护管理部门、人员及职责。根据本单位实际编制消防设施维护计划。消防设施维护可委托具有相应资质的专业单位，人员应持证上岗。发现消防设施存在故障或问题的，及时记录并向消防管理人员报告。消防设施进行维护保养后，应编写消防设施维护保养报告。

4.7.5 消防安全督查

1. 消防安全管理制度方面重点监督检查内容

（1）各级消防安全责任制的建立和落实情况。

（2）消防安全重点单位及其消防安全责任人、消防安全管理人是否报政府消防管理部门备案。

（3）各单位各项消防安全制度（消防安全教育培训、防火巡查检查、消防值班室管理、志愿消防队及微型消防站管理等）的建立和规范执行。

（4）现场各类消防安全操作规程、消防设施运行规程及检修规程的制定和规范执行。

（5）动火作业管理制度的规范执行。

2. 消防重点部位管理方面重点监督检查内容

（1）消防重点部位岗位消防职责的建立与落实。

（2）防火标志、防火警示标示牌的规范设置。

（3）消防安全重点部位消防管理措施、灭火和应急疏散方案及防火责任人的落实情况。

3. 动火安全管理方面重点监督检查内容

（1）一级动火区和二级动火区的明确与划定情况。

（2）一、二级动火作业严格执行动火工作票制度情况。

（3）动火工作票的规范管理及现场执行情况。

4. 日常消防检查方面重点监督检查内容

（1）日常防火巡查、检查的规范开展情况。

（2）日常防火巡查、检查发现问题的闭环治理及隐患上报情况。

5. 火灾隐患排查治理方面重点监督检查内容

（1）火灾隐患的建档和及时报送情况。

（2）火灾隐患纳入隐患排查治理实施闭环管理的情况。

（3）火灾隐患防范措施的落实。

6. 消防安全培训方面重点监督检查内容

（1）消防培训是否纳入年度培训计划并保障费用。

（2）全员消防安全培训开展情况。

（3）消防安全责任人、消防安全管理人、专（兼）职消防管理人员、消防控制室值班员和操作员是否接受消防安全专门培训，消防控制室值班员和操作员是否持证上岗。

（4）新入职和新上岗职工岗前消防安全培训的开展情况。

7. 灭火和应急处置方面重点监督检查内容

（1）规范编制火灾专项应急预案和重点部位现场应急处置方案情况，预（方）案内容是否完善、具备针对性和可操作性。

（2）规范开展灭火和应急疏散演练情况。

8. 消防档案方面重点监督检查内容

主要内容包括管理制度、组织机构及责任人、政府消防机构填发的法律文书、消防安全重点部位情况、消防设计审核、消防验收、消防设施情况、火灾隐患及整改情况、防火检查和巡查记录、应急预案和演练情况记录等方面内容。

9. 新建、改建、扩建（含室内外装修、建筑保温、用途变更）工程消防设施方面重点监督检查内容

（1）消防设施建设"三同时"的落实情况。

（2）消防设施的合规性。

（3）对于需要申请消防设计审核、消防验收（备案）的工程项目，是否进行消防验收（备案）。

10. 消防控制室运行方面重点监督检查内容

（1）消防控制室消防值班员、操作员配置及持证（消防设施操作员）上岗情况。

（2）消防控制室消防设施操作员熟知消防设施操作方法和消防应急程序的情况。

（3）正压式空气呼吸器等必需的消防装备器材规范配置情况。

（4）消防控制室安全管理规章制度、设施一览表、检查巡查记录、设备使用说明书、应急预案等管理情况。

11. 消防器材、消防设施管理方面重点监督检查内容

（1）各类消防器材、消防设施的配置是否合规、充足且完备。

（2）各类消防器材、消防设施（火灾自动报警系统、自动灭火系统、防烟排烟系统等）的完好情况，相关参数设置是否正确并满足设计要求，是否正常投运。

（3）消防设施严格按照国家、行业标准要求开展日常维护、保养、巡视、检修、测试等工作的情况。

（4）消防设施维护保养和检测单位资格能力与承接业务匹配情况。

4.7.6　事故调查处理

发生火灾事故，事故发生单位应立即启动应急处置方案，逐级上报事故信息，按照"四不放过"的原则进行调查分析和处理。

消防安全监督部门应定期对消防安全工作进行监督检查，将消防安全工作纳入各级安全工作考核范畴。对于因消防安全责任落实不到位等而引起的安全事故（事件），严肃追究责任。

4.8　安全保卫管理

4.8.1　管理职责

（1）保卫部是水电站安全保卫归口管理部门。贯彻执行上级安全保卫管理的方针、政策、法规、标准，负责日常安全保卫管理工作，制定治安防范制度和防范预案。

（2）做好要害部位保卫工作，会同有关部门完善落实防范措施，对重点要害部位人员调入（离）进行审查。

（3）协助公安机关查处危害厂坝区安全的刑事及治安案件，做好情报信息的收集，落实技术防范设施建设，组织治安安全检查。

（4）严格按照《电力法》《电力设施保护条例》《电力设施保护条例实施细则》等有关规定开展宣传和预防管理。

（5）相关配合部门管理本部门范围内的设施、设备安全工作，开展本部门法制教育，增强职工遵纪守法观念，保持高度警惕性。

4.8.2　治安防范要求

（1）厂坝区应设围墙周界防护报警系统，主要出入口、升压站、大坝设立门卫岗，24h值班。

（2）设置监控中心（值班室），禁区、升压站围墙应设置周界入侵报警装置，要害部位安装视频监控、报警等设施。大坝上、下游300m内为警戒区域，严禁船只停靠、行驶、作业，确因工作需要，必须提前办理厂坝区出入手续。

（3）严禁在警戒区内游泳、捕鱼、网鱼、钓鱼、炸鱼等各类行为。警戒区域内水面发现可疑物体必须及时上报、处理，防止对大坝造成破坏。大坝泄洪期间谢绝参观，实行治安、交通管制。

（4）厂坝区证件管理：职工出入厂坝区凭岗位证，临时工作或参观人员进入厂坝区凭临时工作证、出入证进出；岗位证、临时工作证、出入证不得转借，如遗失应提出申请，经本部门和保卫部核实后，给予补办；所有进入厂坝区人员应主动出示相关证件，经警卫人员检查核对后，方可进入。

（5）外来工作人员出入手续：因工作需要而进入厂坝区的外来人员，由业务联系部门安排人员陪同到保卫部办理出入证；外来工作人员必须提供有效身份证明，业务联系部门提供工作证明。保卫部查核相符后，办理出入证手续。

（6）厂坝区物资进出手续：严禁携带易燃易爆物品的人员、运输工具进入厂坝区，确因工作需要进入时，必须到保卫部办理手续及检查后，方可进入；凡携带设备、器材、工具等物资出厂坝区，一律凭相关部门证明，本单位员工到保卫部签字，保卫部核查后，办理物资出厂证；物资经警卫人员查对，物资相符方可放行。无证或物证不符的警卫人员有权扣留。

4.8.3 常态防恐防范要求

1. 技防要求

（1）出入口应安装身份识别系统。

（2）重点要害部位安装视频监控、报警等设施，必须保证电力枢纽内监控、报警设施正常使用。

（3）可适当装备防爆犬参与要害部位巡逻。

（4）设置监控中心（值班室），有专门的监控安防操作台，监控安防操作台应安装紧急报警按钮。

（5）在周界或库区主要通道宜配置带转动云台和变焦镜头的摄像机。

（6）禁区应设置入侵报警装置，并应安装紧急报警装置。

（7）防护区应设置周界围墙，有条件时宜设置周界报警装置。

（8）在大坝上下游划定警戒区域（上下游船只过闸停靠点），安装变焦安防自动报警摄像机。

（9）建立与海事部门及与过往船只联系的通信系统。

2. 物防要求

（1）集控室、安防中心控制室、计算机信息机房及所有要害重点部位，都应安装防盗安全门、防盗窗和防盗锁等，安装的实体防护装置在无法目视识别来人身份的，应安装可视对讲系统。

（2）生产区域应设置围墙，围墙上应设置防攀爬措施。

（3）集控室应配备一套防爆毯、防爆围栏。

3. 人防要求

（1）设置专门的保卫机构和配备专职的治安保卫人员。

（2）与属地公安、海事、武警等单位建立联防联勤机制，参加属地社会治安综合治理工作。

（3）人力资源部门对重要岗位拟录用的新职工应进行背景审查，保卫部门应进行治安、反恐防范知识教育。

（4）非生产车辆禁止驶入发电企业生产区域、升压站内。

4.8.4 非常态防恐防范要求

（1）在常态防范的基础上，采取必要的防范措施，提升防范等级的防范要求。启动反恐应急工作机制，应急抢险救援队伍到岗，提升安保等级。增派职工或保安（专职消防队）人员加强内部值守和巡逻，必要时可申请派驻武警或公安等专业力量加强重点部位、重点场所等守护工作。

（2）库区码头设立观察岗，禁止外来船只在码头停靠，阻止外来人员从水路进入厂区。缩小进、出口，禁止外来人员和车辆进入。因特别情况而必须进入的，需经职能部门领导批准，经登记和安检后由接待人员全程陪同，车辆须在指定地点停放。

（3）联络海事部门实施非常态时期反恐怖防范、封江、关闭航道，禁止船只进入大坝上下游划定警戒区域（上下游船只过闸停靠点）。及时上报发生或发现的涉恐事件信息，配合相关部门开展调查。坚持重大活动和敏感时期的各级值班制度，确保通信畅通。实施省、市反恐办和公安机关要求采取的其他措施。

4.9 安全性评价

4.9.1 一般要求

安全性评价应针对水电站生产设备设施、劳动安全与作业环境、安全生产管理三个方面可能引发的危险因素，以防止人身事故、设备事故及频发事故为重点，按照安全性评价项目，依据法律法规、国家和行业相关标准、水电站现场规程等，全面进行查评诊断和评估，目的是摸清水电站的安全基础，掌握存在的危险因素及严重程度，明确整改措施和安全风险控制措施，实现完善管理、消除隐患、超前控制，降低安全风险，全面提高电站的安全生产水平。

安全性评价工作实行闭环动态管理，以5年为一个周期，按照"评价、分析、评估、整改、复评"的过程循环推进，即水电站按照安全性评价标准开展现场自查评和上级主管单位组织的专家查评，对评价过程中发现的问题进行原因分析，对存在的问题进行评估和分类，按照评估结论对存在的问题逐一制定措施，并落实整改，通过2~3年时间的整改后，由上级主管单位组织复评，然后在此基础上进行新一轮的循环。

新投运或改、扩建的水电站，应在所有机组投入运行1年后组织开展安全性评价。安全性评价的结论宜用于本单位历次安全性评价的纵向比较，不用于横向比较和评比。安全性评价现场查评采用自查评和专家查评相结合的方式进行。

4.9.2 查评方式

按照评价项目和评分标准进行，可综合运用现场检查、查阅和分析资料，现场考问，实物检查或抽样检查，仪表指示观测和分析，调查和询问，现场试验或测试等多种形式，对评价项目做出全面、准确的评价。

评价项目总分为10000分，每部分的标准分：生产设备设施7500分（水力机械1700分，电气一次2600分，电气二次1600分，水工水务1600分），劳动安全与作业环境1500分，安全生产管理1000分。

由于设备系统、管理体制等原因造成部分评价项目不能查评或不进行查评的，纳入不参评项，扣减相应项目（连同该项目的标准分）。对于评价项目未涵盖的，可补充完善相应项目（标准分由专家查评组确定）。若水库大坝被评定为"病坝"，可扣减大坝相应项目的标准分，对其他项目按标准开展评价。

查评扣分以相应条款标准分为限，多台设备中部分设备不满足要求时，按照不满足要求的设备台数与设备总台数的比例进行扣减相应分数（评分标准中明确为每处扣分项除外）。

经查评专家组讨论，列为重点问题的项目，扣除单项评价项目全部分值。

评分标准仅针对评价项目列出了必要查评内容，查评发现的属于评价项目的其他问题应参照该项评分标准进行扣分，列为重点问题的扣除单项评价项目全部分值。安全性评价采用相对得分率来衡量被评价系统，相对得分率为

$$Q = \frac{S}{T} \times 100\%$$

式中　Q——相对得分率；
　　　S——实得分；
　　　T——应得分。

4.9.3 查评程序

4.9.3.1 自查评程序

根据上级主管单位下达的专家查评计划，成立安全性评价自查评领导小组和自查评工作小组，安全性评价自查评领导小组应由本发电企业行政正职为组长，分管生产领导（或总工程师）为副组长，相关部门负责人为成员，组织开展本单位安全性评价查评工作。自查评工作小组按照水力机械、电气一次、电气二次、水工水务、劳动安全与作业环境、安全生产管理专业划分，工作小组组长由本单位的相关专业工程师担任，负责本专业的具体自查评工作。委托运行的单位可委托有资质的单位，按照以上专业分工要求，开展自查评工作。

安监部门应根据领导小组安排，牵头编制本单位安全性评价查评工作方案，经分管生产领导审核，查评领导小组组长审批后以正式文件下发至各部门，明确分阶段评价项目、工作内容、责任部门、时间进度等，按要求逐项逐条落实到责任人，保证查评工作有组织按计划地开展。

通过内部信息网、宣传专刊等宣传媒介，广泛宣传安全性评价的相关内容，让全体员工明确评价的目的、必要性、指导思想和具体开展方法。组织参与评价的人员集中培训，全面讲解安全性评价程序、标准和要求，为电站正确而顺利地开展安全性评价创造有利条件。

自查评工作由副组长牵头，相关部门和各专业组密切配合。自查评工作小组组长对照查评项目开展逐项研究，并根据本单位现场实际情况对自查评项目进行删减或补充，调整查评项目，并经分管领导批准后，组织开展自查评和整改工作，在规定的时限内完成专业自查评分报告。

安监部门应汇总本单位各专业自查评分报告，编制本单位安全性评价自查评报告，经安全性评价领导小组组长审批后，在专家查评计划规定的自查报告报送时间前正式行文上报本单位自查评报告和专家现场查评申请。

安全性评价工作应充分运用发电企业安全性评价管理系统，对各轮次、各阶段的查评数据进行管理，对查评发现的问题及整改措施的实施情况进行反馈和跟踪。

4.9.3.2 专家查评程序

在收到被查评水电站专家现场查评申请后，上级主管单位组织专家实施现场专家查评，在专家查评时间前 7 天下发查评通知。

被查评电站接到查评通知后，应做好专家查评准备、配合工作。

安全性评价现场专家查评开始前和结束后，专家组组长应组织召开查评启动会和末次会议，上级主管单位应派员参加。专家组应在末次会议将专家查评结果和整改建议反馈被查评电站。

专家组应实事求是，对照评价项目客观、公正地开展现场查评，并对查评结果负责。查评过程中，应充分与发电企业分管领导和专业人员交换意见，并做好记录。

现场查评工作结束后，各专业小组分别编制专业查评分报告，对需要进一步说明的重点问题，应在查评报告中表述。组长根据专业报告整理出本次查评的总报告，由专家组全体成员会议审定。专家查评总报告内容应包括前言（发电企业简介）、专家组组成情况及专家查评开展过程（评价指令来源及主要评价依据，评价时间、程序和方法）、专家组对发电企业安全生产总体情况评价、专家组查评结果、专家组提出的重点问题及整改建议。

查评结束后 15 个工作日内，安全性评价专家组上报书面专家查评总报告和专家查评分报告。上级主管单位正式行文下发专家查评报告至相关单位。

4.9.3.3 整改程序

（1）在专家查评后，应立即根据安全性评价报告组织专题会议，研究制定整改计划，整改计划必须明确整改内容、整改措施、整改完成时限、项目负责人和验收人，整改计划须经本发电企业行政正职批准后以正式文件下达，同时抄报上级主管单位。

（2）在收到专家查评报告后 30 天内将专家查评报告和整改计划录入发电企业安全性评价管理系统。整改项目完成后，相关部门应及时组织项目验收，并在验收后 30 天内在发电企业安全性评价管理系统内录入项目完成情况，并按上级主管单位要求上报整改情况。

（3）安全性评价问题整改应在本次评价周期内完成，发电企业应定期检查整改计划完成情况。重点问题或本单位整改确实有困难的，应进行风险评估，提出意见和建议，报送上级主管单位审核确认，实行闭环管理。

（4）应充分利用安全性评价成果，开展隐患排查治理，完善劳动保护和职业健康措施，改善作业环境和劳动条件，提高设备设施健康状况，提升发电企业安全生产管理水平，需纳入缺陷、项目、专项和隐患管理的，按有关要求执行。

（5）上级主管单位应结合安全大检查或专项检查对安全性评价问题整改情况进行监督检查。

4.9.3.4 复查评程序

（1）评价后 2~3 年进行复查评，参照执行自查、专家查评与整改程序。

（2）复查评主要检查发电企业自查评和专家查评发现问题的整改情况，同时应再次对照评价项目、安全生产技术和管理的新要求开展查评。

（3）复查评前，发电企业应在规定的时间前向上级主管单位上报发电企业安全性评价复查评自查总报告和复查评自查分报告。

（4）专家复查完成后应提出正式的专家复查评总报告和专家复查评分报告。专家复查评总报告应列出问题整改及完成情况、未完成整改问题具体原因、复查评新发现的问题及整改建议，上级主管单位应根据复查报告对发电企业进行点评或考核。

复查评采用整改率来评价被查评发电企业的整改情况，其中

$$M = \frac{m + \sum_1^n x_i}{m+n+s} \times 100\%$$

式中 M——综合整改率；

        m——完成整改项目数；

        n ——部分整改项目数；

        x_i——第 i 个部分整改项目的完成进度，酌情取 0~1（多台设备分批整改的，完成一定比例设备整改，按比例得分；单台设备或多台设备同时开始整改的，制定方案并开工得 0.1，验收整改完成前按照进度取 0.1~0.5，以此类推）；

        s ——未完成整改项目数。

$$M_0 = \frac{m_0 + \sum_1^{n_0} x_i}{m_0 + n_0 + s_0} \times 100\%$$

式中 M_0——重点项目整改率；

        m_0——完成重点项目整改项目数；

        n_0——部分重点项目整改项目数；

        x_i ——第 i 个部分重点整改项目的完成进度，酌情取 0~1（多台设备分批整改的，完成一定比例设备整改，按比例得分；单台设备或多台设备同时开始整改的，制定方案并开工得 0.1，验收整改完成前按照进度取 0.1~0.5，以此类推）；

        s_0——未完成重点项目整改项目数。

5 运行管理

5.1 值班方式

建立健全由生产副总经理(总工程师)、副总工程师、运维部门主任(主任助理、专责)、值长组成的现场运行生产指挥系统。合理安排各级指挥人员按天轮值,确保正常运转。

值长是当值的全厂运行调度、事故处理总指挥,掌握全厂生产情况,正确调度全厂运行方式,协调处理生产过程中的问题。事故处理时,任何人的处理意见均应通过值长下达。

水电站根据现场实际工作强度,设置若干个值,合理安排工作时长。根据电站规模每值配置值长、副值长、值班员、副值班员;由当班值长统一指挥、调度,承担安全责任。

流域梯级电站(或发电集团)可设置集控中心。集控中心负责区域电站电力调度、水库调度,接受并执行电网调度指令,承担各电站电力调度及主要发电设备的远方集中监视和控制任务。

5.2 值班纪律

5.2.1 人员素质

值班人员应知内容包括主要设备的技术参数;一次主接线及厂用电系统接线;电站发电系统和设备的布置情况;直流和二次系统、计算机监控系统、安全自动装置、继电保护配置和原理等;电站在电网中的地位、有关电网连接和运行要求;油、水、气系统的结构组成及主要作用,设备现场布置情况;设备存在的一些缺陷;值班当天设备运行方式及主要工作任务;相关安全法规、《安规》;相关规程和规章制度。

值班人员应会内容包括机电设备的倒闸操作;一般异常报警故障处理;机电设备事故处理;一般漏油、漏水、漏气等缺陷的临时处理;火灾、水淹厂房等灾害紧急处理和其他应急处置。

值班人员必须按有关规定进行培训、学习,经考试合格后方可上岗。按规定需取得资格证书的有关岗位,经取得相关资格证书后方可上岗操作。

5.2.2 纪律要求

值班人员应统一着装，遵守劳动纪律，在值班负责人的统一指挥下开展工作，且不得从事与工作无关的其他活动，严禁看与生产无关的书报、杂志及电子刊物，严禁酒后上班；不得在值班室打瞌睡；值班人员应严格执行现场文明规范、使用文明用语，接打生产相关电话要使用规范用语。不得在中控室、值班室及生产现场吸烟；所有进入生产现场的人员均不得打闹追逐，不随地吐痰和丢废弃物。值班时保持"五齐"（桌椅放置、桌面用品放置、柜内资料放置、上墙图表悬挂、其他物品放置整齐），值班桌上不得坐人。当日值班人数应满足安全生产所需要的岗位配置要求，当值班换班超过 2 人时，应经上级部门同意。

5.3 "两票三制"管理

5.3.1 管理责任

水电站生产应严格按照上级安全工作规程及相关规定，实施工作票和操作票全过程管理，并将工作票、操作票、交接班、巡回检查、定期试验轮换等记录在水电生产管理信息系统中，并全程监督检查录入情况。

安监部门是"两票三制"的监督管理、考核归口管理部门，建立公司、部门、班组监督工作体系，制定管理办法和实施细则，组织、监督、检查、指导"两票三制"工作。

运维部门是"两票三制"工作的责任主体，应持续开展"两票三制"执行、检查、日常管理等工作，及时对已执行的两票进行统计、整理及分析，对本部门两票进行监督、检查和指导。部门负责人、安全员、当班值长负有同等监督管理责任，可直接对不合格票面和不规范操作提出考核。

班组是"两票三制"工作的实施主体，运行各岗位值班员是"两票三制"的具体执行人，班组兼职安全员可针对不合格票面或不规范操作，提出考核意见，由运维部门负责落实。

5.3.2 工作票

在水电站生产现场进行检修、试验、拆除或安装时，为了能保证有安全的工作条件和在运设备的安全运行，防止发生事故，确保人身和设备安全，必须严格执行工作票制度。

工作票签发人、工作许可人、工作负责人必须符合《安规》所要求具备的条件，并按规定考核合格，经书面公布。工作票签发人、工作许可人、工作负责人应按《安规》规定认真履行职责、落实安全责任和现场安全措施，确保运行、检修工作人身和设备安全。

水电站检修工作外包时，外包检修单位需要提供工作负责人名单，其工作负责人必须掌握检修设备的基本情况（如结构原理、缺陷内容、检修试验项目）和现场安全措施，并履行"双签发"制度，根据现场实际情况，指定本单位工作负责人进行监护。

水电站根据各自工作特点，除严格执行工作票制度外，应制定日常工作的危险点分析与预控措施卡及安全事故应急救援预案，根据要求编制"三措一案"。

事故紧急处理可不填写工作票，但应填写事故应急抢修单，履行工作许可手续，并做好安全措施。

5.3.3　操作票

在水电站生产现场进行倒闸操作、水机操作、设备轮换时，为了能保证有安全的工作条件和在运设备的安全运行，防止发生事故，确保人身和设备安全，必须严格执行操作票制度。

水电站生产现场应配置合格的安全工器具、符合现场的一次设备模拟图（接线图）、完备的"五防"系统和录音笔、调度电话等，被操作设备应状态完好、无故障。

运行人员应明确本站所有设备的调度范围划分，必须根据值班调度员或运行值班负责人的指令进行倒闸操作，操作后应立即向发令人回令。应由合格人员担任监护人和操作人。

除特殊规定外倒闸操作必须使用倒闸操作票，事故处理过程中的倒闸操作应根据值班调度员的命令执行，可不填写操作票，事故处理的善后操作也应使用操作票。

水电站应编制标准典型操作票，计算机中应备有各种典型操作票便于填写使用。典型操作票由运维部门负责编制，报单位审核。

5.3.4　交接班制

运行人员应按正点时间进行交接，不得违反。如有特殊情况应经运维部门批准方可变更。接班人员应提前十分钟到站，阅读有关记录，做接班准备，交接班时必须严肃认真，交班者做到交待完全、清楚，接班者做到心中有数，未办完交接手续前，不得擅离职守。

交班人员在交接班前应详细填写本值内的各种记录，搞好设备及室内外环境卫生，并详细交待设备运行方式及水库运行状况，异常运行及设备缺陷的发现和消除情况；使用中的工作票情况，设备检修、试验情况，安全措施的布置、未拆除的接地线或未拉开的接地开关编号及位置；倒闸操作及未完的操作指令；保护及自动装置运行及变更情况；上级领导及调度指令以及当班期间危险点分析预控；工具、仪表、钥匙、安全用具、消防器具、图纸资料、上级文件等使用保管情况，模拟图板正确性；本值内所发生的事故、异常运行及处理经过。

接班人员应认真听取交班者的介绍，查阅有关运行记录；巡视设备、检查表计指示，核对模拟图板；了解结束的工作票及作业情况以及预定的倒闸操作任务；查对设备缺陷的发现及消除情况以及异常运行情况；查对保护定值变更及有关记录簿，检查工具、仪表、钥匙是否齐全；检查室内外卫生是否清洁。接班人员认为无问题后，在运行日志上签名，并记录时间。

在处理事故进行倒闸操作时，不得进行交接班，交接班时发生事故，停止交接班并由交班人员进行处理，接班人员在交班班长指挥下协助工作。如交班时间已到、接班者未到站，交班者应报告运维部门；如交班者发现接班者喝酒或其他原因造成精神不正常，应拒绝交班，并立即报告运维部门。交班时间不办理工作许可手续，等交班完毕再办理。

5.3.5 巡回检查制

水电站运行部门应根据现场运行规程、厂家运行维护手册以及运维人员配置、倒班方式等实际情况明确水电站设备巡回检查项目、标准、周期、路线及注意事项。

巡检分为例行巡视、全面巡视、熄灯巡视、工业电视巡视和特殊巡视。例行巡视指按照运行单位制定的《设备巡视检查制度》《运行规程》在值班当中对设备进行常规性巡查。配置机器人巡检系统的电站，机器人可巡视的设备可由机器人巡视代替人工例行巡视。全面巡视指根据设备巡视标准作业指导书及巡视路线图对设备进行全面巡视检查。熄灯巡视指夜间熄灯开展的巡视，重点检查设备有无电晕、放电，接头有无过热现象。工业电视巡视指按各运行单位制定的《设备巡视检查制度》《运行规程》在值班当中利用工业电视对重点监视设备进行巡视。特殊巡视指因设备运行环境、方式变化而开展的巡视。

巡回检查时，巡视人员应携带必要的维护工具，执行标准化作业，做到眼看、耳听、鼻闻、手摸，保证巡视质量。各类巡视完成后应填写巡视记录，其中全面巡视应持标准作业卡巡视，并逐项填写巡视结果。

各生产部门主任及专业技术人员（专责）应按规定定期实地巡查设备，并做好检查记录。运行部门及各专业，每月应按规定组织抽查，以进一步检查值班人员的巡回检查质量。

遇有以下情况，应进行特殊巡视：发电机组等主设备带缺陷运行、厂用电处于特殊运行方式；气候环境恶劣（大风后、雷雨、冰雪、冰雹后，雾霾过程中，高温季节、高峰负荷期间）；设备发生过负载或负载剧增、超温、发热、系统冲击、跳闸等异常情况；新设备或经过检修、改造及长期停运后重新投入系统运行后；法定节假日、上级通知有重要保供电任务。

5.3.6 设备定期试验与轮换制

根据上级规程规范及厂家运行维护手册要求，并结合现场实际情况明确水电设备定期试验轮换工作项目和周期等内容。运行部门应建立健全设备定期试验轮换台账，制定标准作业卡，设备试验轮换项目、时间、工作人员及工作情况应记入台账。

对系统运行影响较大的定期试验、轮换工作，应考虑在低负荷时进行，并做好事故预想，指定安全措施。因故不能切换、试验的工作，应经部门负责人、专责批准。如重要切换、试验工作恰逢保电时期，应提前或顺延进行，并做好记录。定期试验轮换过程中发现缺陷或异常时应立即停止工作，待查清原因、消除缺陷后再进行。设备定期试验轮换后应确认投运设备运行正常。

5.4 智能巡检机器人管理

5.4.1 巡检要求

（1）应积极应用智能巡检机器人开展巡检工作，与人工巡视互相补充，建立协同巡检机制。在《运行规程》中，应有关于智能巡检机器人运行管理、使用方面的相关内容，并建立台账和运行记录。

（2）按照智能巡检机器人生产厂家提供的技术数据、规范、操作要求，熟练掌握智能巡检机器人及其巡检系统的使用，及时处理巡检系统异常，保证机器人巡检系统安全、可靠运行。

（3）智能巡检机器人巡检系统告警值的设定和修改应记录在案。

（4）确保智能巡检机器人巡视路线无障碍；若外界环境参数超出机器人的设计标准，不应启动巡视任务，并及时关闭定时巡检设置。

（5）根据变电站巡视检查项目和周期，制定智能巡检机器人巡视任务和巡视周期。特殊时段和特殊天气应增加特巡。智能巡检机器人新安装后1个月内应同步开展人工巡视，以验证其巡视效果。运行1个月后，可替代人工例行巡视。

（6）智能巡检机器人巡视结果异常时，应立即安排人员进行现场核实。

5.4.2 巡检注意事项

按照机器人巡检操作规程，正确使用巡检系统后台，禁止如下操作：私自关闭、启动巡检系统后台；安装、运行各种无关软件；删除巡检系统后台程序、文件；私自修改巡检系统后台的设定参数，挪动巡检系统后台的安装位置；私自在巡检系统后台上连接其他外部设备；通过巡检系统后台接入互联网；在巡检系统后台上进行与工作无关的操作。

5.4.3 巡检数据管理

每次机器人巡检后，应查看机器人巡检数据，发现问题及时复核。交接班时应将机器人运行情况、巡检数据等事项交接清楚。巡检数据维护工作应由专人负责，每季度备份一次巡检数据。机器人巡检系统视频、图片数据保存至少3个月，设备运行数据长期保存。

5.5 监盘管理

5.5.1 监盘要求

值班人员应认真监盘，随时掌握设备运行状况和系统潮流分布，及时发现设备异常，为运行分析和事故处理提供第一手资料。

中控值班室保持至少2人在岗，值班负责人行使调度职责，另一人负责监盘。值班负责人因故离开岗位时应指定有相应权限人员担任；监盘人员因故离开岗位时，必须指定其他值班人员负责监盘，不得脱岗。

监盘人员注意力集中、坐姿端正、注视盘台，不接打与生产无关的电话，不做与生产无关的事。保持控制台整洁，不摆设与监盘工作无关的物品。

5.5.2 监盘任务

监盘的主要任务包括监视返回屏、显示器上信号、参数等设备运行状态显示，发现异常及时处理、汇报；监视并调整设备运行参数（包括机组负荷、电流、系统频率、电压、联络线潮流等）在允许范围内；按照安全经济运行的原则合理分配机组负荷，机组尽量避开振动区、空蚀区运行；经常分析设备运行状态，摸索设备运行规律，提高监盘调整水平；坚持勤调整、勤联系、勤分析，加强与上级调度和集控中心、水调中心联系，确保设备安全经济运行；准时抄表，整洁记录，发现数据异常及时汇报；发生事故时，密切注视表计、灯光信号变化过程，及时、尽力调整设备参数至正常范围，准确记录事故发生时间及事故现象；将设备运行情况、存在的问题、注意事项、上级调度和集控中心或值长的指令等向接班人员详细交代。

集控运行模式，电站现场中控室不要求专人监盘。当集控中心与电站通信通道故障或集控中心计算机监控系统故障等紧急情况，电站转为现场值班运行模式。

5.6 运行日志管理

5.6.1 运行日志交接

交接班时，交班值长将设备运行方式交代清楚后，在值长日志上签名确认，以示负责。接班值长接班后应立即新建值长日志。

交班时，交班值长应将主要设备的运行方式和重要机械设备所处状态交代清楚。运行方式内容包括机组状态（运行、检修、备用）及机组运行方式 [AGC、AVC（自动电压控制）投退情况等]；设备运行方式及检修设备；主要设备的保护投退、保护定值的更改及安全自动装置运行情况；主设备的重大缺陷、运行方式上的特殊问题；巡检情况。

5.6.2 运行日志内容

（1）倒闸操作记录：倒闸操作指令据上级调度和集控中心指令，事先录入生产管理系统生成操作任务，自动倒入运行日志。当值值长应记录已执行与尚未执行的需要移交的操作内容，并记录操作命令内容和发令人的姓名，开始、结束、合分开关及合分接地开关时间应明确。

（2）调度指令记录：有权发布调度指令的值班调度员或值班长发布指令后，受令人应做好记录。调度指令记录包括发令时间、发令单位、发令人、受令人、指令内容、汇报时间。记录调度批复的申请并通知执行的值长。

（3）设备异常运行及事故处理记录：当值出现的或仍存在的异常运行情况和事故现象及其发生的经过和处理情况，包括事故现象，声光信号，主要表计变化、有无冲击声等；保护动作情况，包括监控系统、自动装置、保护动作信号以及重要的机械设备的动作情况等；线路保护动作时，还应记录哪一套保护动作、故障相别、故障测距等；事故前的主要参数、系统频率、机组有无功负荷、线路潮流、有关保护和自动装置（包括稳控装置）的投入状态；处理过程应填写准确的时间，包括负荷调整、设备运行方式改变以及汇报和联系情况等；事故处理后主要设备的运行状态；设备跳闸或被迫停运，向上级调度汇报和申请临时检修，并详细记录在案；设备异常运行或事故处理后通知相关领导、维修人员姓名及时间，相关领导或维修人员对异常设备或事故设备的有关交代。

（4）接收、许可、注销的工作票记录：接收工作票，应写明工作票号及主要内容；工作许可，应将重要安全措施完成确认情况写完整；销工作票，除按有关规定执行外，记录应简明扼要；同一值许可/注销的票，应为一条记录。检修交待必须记录完整，交待内容清晰。

（5）上级通知记录：在其他事项栏详细记录接到的关于安全生产、文明生产、生产技术等方面的通知的主要内容和执行情况。

（6）其他记录：定期工作完成情况，包括测量数据、设备状态等。配合试验的试验结果，安全措施的执行、恢复情况。重要节假日、重要会议期间、极端天气、设备特殊运行方式及上级要求的其他情况下记录设备特巡结果。

5.7　运行分析

认真做好月度、年度运行分析和典型故障、缺陷的专题分析工作，主要是针对设备运行、操作和异常情况及运行人员规章制度执行情况进行分析，找出薄弱环节，制定防范措施，提高运行管理水平。

每月应对设备运行情况进行分析和总结，寻找各类设备的运行趋势及薄弱环节，提出改进意见。月度（年度）分析的主要内容包括"两票"和规章制度执行情况分析；事故、异常的发生、发展及处理情况；发现的缺陷、隐患及处理情况；继电保护及自动装置动作情况；季节性预防措施和反事故措施落实情况；设备巡视检查监督评价及巡视存在的问题；天气、负荷及运行方式发生变化，运行工作注意事项；本月（年）工作完成情况以及下月（年）工作安排。

专题分析应根据运行中出现的特定问题，制定对策，及时落实，并向上级汇报。专题分析的主要内容包括设备出现的故障及多次出现的同一类异常情况；设备存在的家族性缺陷、隐患，采取的运行监督控制措施；其他异常及存在安全隐患的情况及其监督防范措施。

分析后要记录活动日期、分析的题目及内容、存在的问题和采取的措施，如有需上级解决的问题及改进意见应及时呈报。

运行人员应每天对电气运行日志数据、机械运行日志数据、辅机在线统计数据进行分析，发现数据异常应仔细分析并汇报，进行缺陷登记，通知检修处理。对日常巡检数据参数进行分析，发现数据异常应汇报当值值长，经值长确认后并汇报，进行缺陷登记，通知检修处理。

5.8 资料台账管理

5.8.1 一般要求

技术资料包括设备图纸资料、厂家运行维护手册、运行规程、应急预案、现场处置方案、值班日志、设备台账、定值单、设备异动单、巡检记录、检修记录、运行分析等。

5.8.2 管理要求

中控室资料室应具备各类完整的记录。各类纸质记录至少保存一年，重要记录应长期保存。设备台账应覆盖所有设备、设施，且准确、完整。

运行记录、台账原则上应通过生产系统进行记录，系统中无法记录的内容可通过纸质或其他记录形式予以补充。运行记录、台账的填写应及时、准确和真实，便于查询。部门专责不定期对运行记录、台账进行检查、维护，并做好记录。各类报表及运行日志、记录打印后由部门专责上交档案保管。

更新改造，设备大修、小修、预试工作完成后，运行人员应提前介入工程，了解施工进度，监督施工质量，接收有关资料，熟悉设备性能，编制和修订现场规程，确保基础资料的完整、准确和及时接收。

对书面技术资料分门别类整理，在中控室资料室存放，妥善保管，并建立清册，便于查找、核对。定期清理、核对技术资料是否完整、正确，是否与实际相符。对不符合要求的应及时更新、更换。

5.8.3 中控室应具备的技术资料

（1）应具备的规程：电力安全工作规程、各级调度规程（根据调度关系）、运行规程。

（2）应具备的管理制度：水电运维管理规定、变电运维管理规定、运行管理实施细则；两票管理规定；设备缺陷管理实施细则；现场应急处置方案；交接班规定；设备巡视检查规定；设备定期试验与轮换规定。

（3）应具备的技术图纸、图表：运行图册；设备说明书、运行操作手册等；设备最小载流元件表；交直流熔断器及开关配置表；有关人员名单（各级调控人员、工作票签发人、工作负责人、工作许可人、有权单独巡视设备的人员等）。

6 防汛管理

6.1 一般规定

6.1.1 基本原则

防汛工作是水电站安全生产的重要环节，防汛工作的基本任务是负责所辖发供电设施和在建工程的安全度汛；积极配合地方政府抗洪、防台抢险，保障抗洪、防台抢险和灾后恢复生产的电力供应。

防汛工作实行"安全第一，常备不懈，以防为主，全力抢险"的方针，遵循团结协作和局部利益服从全局利益的原则。

防汛工作实行主要行政领导负责制，统一指挥，分级、分部门管理。

6.1.2 防汛工作内容

落实防汛工作责任制，建立健全年度防汛组织机构，编制防汛应对处置预案，根据实际情况，成立抗洪抢险队，完善防汛物资和后勤保障体系，明确各级防汛岗位责任。

修编完善年度防汛工作手册，按要求开展汛前检查、隐患治理、汛期值班、汛期巡查、信息报送等工作。组织防汛工作手册学习，开展防汛应急预案演练。

编制年度水库汛期防洪调度运用计划，行文上报审查，经有管辖权的地方政府防汛指挥机构批准后实施。汛前组织对防汛设备设施进行检查试验，发现影响防洪安全的问题，限期完成整改。

组织修编防汛物资储备定额，经审批后实施；按照防汛物资储备定额，定期补齐防汛物资。为保证防汛工作的顺利开展，应当优先安排防汛资金，用于防汛物资购置、防汛抢险等工作。

组织开展汛前防汛检查，针对检查发现的问题和隐患，及时完成整改，确保电力设备设施和水库大坝安全度汛。

6.1.3 防汛实施管理

（1）开展防汛值班和信息报送工作，及时了解和掌握水情、汛情、工情和灾情等信息，按要求逐级报送信息，有关单位和个人不得虚报、瞒报、迟报。

（2）加强防汛值班工作，领导带班，有关人员轮流值班。

（3）加强对防汛设备设施的运行与维护，突出运维工作重点，确保防汛设备设施安全稳定运行。

（4）确保雨量站、气象站及时准确提供实时水情信息和气象信息。

（5）建立汛情会商制度，及时根据中短期天气预报开展水情预测会商，科学合理开展水库调度和水位控制工作。

6.2 防汛组织体系

6.2.1 防汛组织机构

成立防汛领导小组，统一领导防汛工作。领导小组组长由行政第一责任人担任，设副组长、成员若干，下设防汛办公室（简称防汛办）。防汛办公室由防汛办主任、副主任、成员若干组成，下设防汛抗洪抢险队。

6.2.2 防汛岗位职责

6.2.2.1 防汛领导小组

（1）贯彻执行国家及上级管理部门有关防汛工作的法律、法规、办法，以及水电站防汛管理相关规定。

（2）接受有管辖权的地方政府防汛指挥机构、上级管理部门的领导，全面负责水电站的防汛工作。

（3）建立健全防汛组织机构，落实防汛岗位责任制，对防汛工作进行管理、监督、检查和考核。

（4）建立健全防汛管理规章制度，完善防汛工作标准化、规范化、制度化建设。

（5）审定向地方政府防汛指挥机构提出水库洪水调度建议。

（6）组织鉴定影响防汛安全的重大缺陷和异常情况，落实处理措施。

（7）领导防汛抗洪抢险和灾后重建工作。

6.2.2.2 防汛办公室

（1）执行防汛领导小组的决定。

（2）组织审查公司年度汛期防洪调度运用计划、度汛措施、水库运行方案、防汛总结，并按有关规定报批。

（3）组织编制或修订防汛管理规章制度和文件。

（4）负责组织开展对本单位的防汛工作检查以及水库巡查和上下游行洪通道调查。

（5）负责抗洪抢险时组织协调工作，组织做好防汛物资管理工作。

（6）掌握水情，及时向防汛领导小组报告汛情，安排防汛调度值班，落实汛期巡视检查制度，组织做好暴雨和防台风特巡工作。

（7）负责落实与地方防汛部门的防汛协调工作，汛期及时向上级有关部门汇报防汛情况。

（8）负责汇总抗洪、抗台风、抗暴雨的抢险救灾工作及损失情况，及时向上级报告。

（9）及时组织防汛工作总结。

（10）负责处理日常防汛工作。

6.2.2.3　防汛抗洪抢险队

（1）汛期防汛抗洪抢险队所有人员的手机应处于24h开机状态，不得设置电话转移或关机。

（2）当水库的雨水情达到规定的量级时，防汛抗洪抢险队进入24h候班状态，并由防汛领导小组直接指挥。各防汛抢险分队在接到抗洪抢险命令时，各队队长应在30min内召集抢险队员赶到指定地点参加抢险工作。

汛期防汛领导小组及防汛办公室成员实行24h防汛值班，当处于紧急防汛期、厂坝区域出现暴雨、水库上下游出现洪涝、水工建筑出现险情、强台风登陆或其他防汛紧急情况，除进行巡检外，防汛抗洪抢险队应按指令集中于厂区待命，抢险车辆也集中于厂区。

6.2.3　防汛工作计划及度汛措施

6.2.3.1　安全度汛措施

（1）汛前成立防汛领导小组及防汛办公室，组建防汛抗洪抢险队，并划分防汛岗位责任区。明确各有关部门和人员的防汛职责，切实贯彻落实防汛岗位责任制，指定专人负责各防汛设施和设备，并确保正常运行。

（2）健全完善各项防汛管理制度，并督促各部门严格执行，不断完善各项防汛管理工作，持续推进防汛工作标准化、规范化、制度化建设。

（3）组织开展有关防汛法规及文件的学习培训活动，加深理解，增强依法防汛意识。

（4）召开防汛工作会议，将各项防汛准备工作抓早、抓实、抓好。组织开展汛前防汛安全专项检查，对检查中发现的问题与缺陷及时制定处理措施，并及时完成整改。

（5）汛前组织对上下游河道行洪能力和库区岸坡情况进行实地调查，并向地方防汛部门汇报存在的问题，提请协调解决，确保汛期行洪安全。

（6）组织防汛应急抢险演练。

（7）汛期防汛领导小组及防汛办公室成员要坚守岗位，遇重大汛情，参加现场值班，组织协调各项防汛抗洪工作。

（8）召开上下游防汛协调会，沟通信息，增进理解，共同促进流域防汛安全。

（9）认真做好泄洪设施的运行管理工作，严格执行泄洪设施试验检查制度，加强巡查，及时开展消缺，确保洪水期所有泄洪闸门能根据调度需要及时安全启闭。防汛备用电源指定专人负责，保证随时开机送电。

（10）加强防汛物资的管理，严格防汛物资领用程序，规定防汛物资存储的库房管理办法，确保库房整洁干净，加强防火、防尘、防潮等措施，积极做好防汛工作的后勤保障。

（11）加强对厂房各种排水系统管路、电缆沟、排风洞、交通通道的日常检查维护，及时消除各种隐患，加强对外水易倒灌厂房的入口处检查、维护，及时封堵或引排，严防水淹厂房。

（12）加强大坝、厂房等水工建筑物（含坝前拦污装置）的安全管理，及时做好水工建筑物的消缺、维护、加固工作。

（13）对大坝、厂房等周边排水沟、排水涵洞进行全面的清理疏通，保证暴雨时排水畅通，预防小支沟洪水淹及厂房。

（14）加强对厂坝区高边坡的巡视检查，对存在岩石滑动、危石或风化掉块等地质灾害隐患的部位进行处理。

（15）加强大坝安全自动监测系统维护工作，确保自动监测系统运行稳定可靠，做好水工建筑物安全监测工作。

（16）大洪水和大风暴雨期间，加强水工建筑物的加密观测，同时密切监视大坝、厂房等周边边坡、排水沟有无险情，以及大坝上游行洪通道大型漂浮物情况，发现异常，及时处置。

（17）积极开展防汛法规、调度规程的业务培训，开展现场技术考问和技术比武活动，不断提高防汛相关人员的业务水平。

（18）抢险队伍做好抢险准备，备足抢险材料、设备和其他抢险物资，以备突发暴雨、洪水期间的应急抢修使用。

（19）开展防汛相关的新技术、新设备的创新研究与应用，深化无人机、水下机器人等科技前沿技术在水库巡查和上下游行洪调查、水工建筑物巡检和隐患排查等场景的应用。

（20）加强对厂房各种排水泵、阀门、排水管道的排水能力、设备备用情况、防止下游洪水倒灌措施的检查。做好发电设备和排水设备的运行管理，确保水电站厂房用电和防汛用电的正常供电。

（21）台风前后，加强防台防汛值班，开展建筑物及设备特巡，落实抵御台风的准备工作，及时完成台风后损毁整改，切实做好防台抗洪工作。

（22）汛前组织开展河道防汛安全宣传工作，履行社会责任。

（23）汛后进行防汛工作总结，吸取经验教训，安排防汛相关人员进行交流学习或调研考察，不断提高工作水平。

（24）做好事故预想和反事故演习，提高现场工作人员的应急能力和处理突发性事故的能力。

（25）按照大坝安全工作计划要求做好大坝安全相关工作。

6.2.3.2　安全度汛工作计划（见表6-1）

表6-1　　　　　　　　　　安全度汛工作计划表

序号	工作内容	责任部门	责任人	完成时间
1	成立防汛领导小组、防汛办公室和组建防汛抗洪抢险队，明确各级防汛工作岗位责任制，并上报备案			
2	下达防汛工作计划及度汛措施			

续表

序号	工作内容	责任部门	责任人	完成时间
3	开展汛前防汛安全自查，组织开展防汛安全专项检查，下达汛前安全检查整改任务			
4	完成上一年度水电站大坝安全年度报告（《大坝安全工作年度报表》《大坝安全注册登记自查报告》和《大坝安全年度详查报告》），上报审查			
5	对防汛物资进行专项检查，包括补充和更换的防汛物资			
6	完成上一年度水电站大坝安全年度报告印刷，并在国家能源局大坝安全监察中心官方网站填报			
7	完成水库巡查和上下游行洪通道调查，了解库区、行洪河道、江河堤岸、网箱养鱼、采沙船、码头、弃土弃渣、傍库或岸边建筑物等的变化情况，分析各种新的变化因素对防汛的影响程度，将调查情况上报			
8	编制印发防汛工作手册，并上报备案			
9	完成水工建筑物、泄洪设备的维护、消缺工作，并对水工建筑物进行评级			
10	完成大坝泄洪设备、发电设备、防汛备用电源和大坝廊道、厂房排水系统等防汛设施的检查、试验与消缺工作，做好事故预想和预防措施，确保安全度汛			
11	完成上一年度大坝监测资料的整编、分析、归档工作			
12	组织防汛法律、规章制度及防汛防台应急预案的学习培训			
13	组织防汛应急抢险培训和演练			
14	针对上级汛前安全检查情况，限期完成并及时反馈			
15	开展河道防汛安全宣传工作			
16	参加防汛协调会，与地方政府及防汛部门共同协调做好年度防汛工作			
17	加强防汛值班和泄洪设备操作值班，严格执行有关防汛工作制度及洪水调度方案，正确执行调度指令，确保防汛设备及大坝安全运行			
18	组织防台风应急抢险培训和演练			
19	完成水电站大坝安全定期检查工作			

序号	工作内容	责任部门	责任人	完成时间
20	加强防台防汛值班，开展建筑物及设备特巡，落实抵御台风的准备工作，切实做好防台抗洪工作			
21	编写上报本年度防汛工作总结			
22	对水工建筑物（含坝前拦污装置）及其泄洪设施进行全面检查，做好汛后水工建筑物的消缺、维护工作			
23	根据水工建筑物、泄洪设施运行状况，编制水工建筑物消缺、维护、加固计划并上报			
24	完善大坝安全在线监控系统，做好大坝监测系统维护工作			
25	水工建筑物的消缺、维护、加固技术总结			
26	开展大坝年度详查			
27	做好厂房发电设备和排水设备的运行管理，加强巡检，发现缺陷及时通知处理，确保水电站厂房用电和防汛用电的正常供电			
28	按巡检制度执行大坝泄洪设施、防汛备用电源和大坝廊道、厂房排水系统等防汛设施以及大坝、厂房等水工建筑物（含拦污漂）及其厂坝区附近小支沟、山坡巡视检查，发现缺陷及时消缺；加强大坝安全监测及监测设施巡查，做好水库高水位及水位大变幅期间大坝加密观测；加强防汛备用电源巡查，按时启动试验，并规范记录			

6.3 防汛安全检查及处理

6.3.1 基本原则

每年汛前应组织开展防汛安全自查，并接受上级检查指导。检查内容按照《水力发电企业防汛检查表》（见附录A）。对防汛自查和上级及相关单位防汛复查提出的整改项目，应组织落实整改，并将整改情况及时上报。

6.3.2 泄洪机电设备安全检查

汛前应对泄洪设施进行试验和全面检查，发现问题应及时组织排除，并填写试验和检查记录。

闸门主要检查本体锈蚀程度、闸门水封是否损坏、各转动部分及滑轮是否存在异物阻卡等。检查发电机组进水口拦污栅是否出现堵塞，影响汛期机组正常发电。检查泄洪设施的动力电源是否可靠；防汛备用电源运转是否运行正常，是否按规定进行启动试验。检查闸门开度仪、开度标尺是否满足泄洪流量计算要求，在汛前是否进行了调试。检查是否对泄洪闸门和泄洪底孔进行启闭试验和检查。电气部分主要检查控制回路、电源开关、交流接触器和制动器动作是否正常。

液压启闭机主要检查油缸、油泵、阀组、油封、油管路及接头是否渗漏油；闸门挂钩及导向轨道是否有异物阻卡等。卷扬启闭机主要检查电动机绝缘电阻是否符合规程要求；变速箱和卷扬滚筒是否转动正常。钢丝绳主要检查锈蚀和磨损程度，有无断丝和断股现象，钢丝绳紧度是否均衡、适当，位置是否正常及两端头紧固件是否安全可靠等。

6.3.3　水工建筑物安全检查

汛前应对水电站大坝、坝体排水廊道、厂房、厂区道路及近坝区等各排水系统进行全面检查，及时对排水沟（涵洞）、沉沙池（井）进行清理，对排水管及地漏进行疏通，确保排水畅通。对大坝和厂房下游所有出水管口和拍门、止回阀、管路及接头进行全面检查，检查大坝和厂房下游侧的排水沟口是否设置挡水板及储备沙包，防止洪水倒灌。

汛前汛后及各次泄洪后，应对泄洪设施的闸墩、导墙、溢流面等泄水建筑物进行全面检查，发现问题，应及时处理。

泄洪期间加强对大坝基础灌浆廊道和排水廊道的巡视检查，监测坝体和坝基渗漏水及集水井排水泵的运行情况。加强对大坝下游水流流态、建筑物、厂区道路及近坝区护岸工程、桥梁进行巡视，发现异常情况，及时采取应急措施，并详细记录、拍照或摄像。加强监视近坝区下游河道，发现有渔民捕鱼或其他游人在行洪危险区域逗留，应尽可能进行劝阻，以免发生意外。

遇大洪水、大暴雨等情况，应对大坝、厂房、厂区道路等周边边坡进行巡视，发现威胁工程安全问题，及时采取应急措施。遇大洪水、暴雨、暴风、地震及库水位骤涨、骤落、高水位等情况时，加强对大坝、厂房巡视检查，同时增加大坝观测测次，发现有威胁工程安全的异常情况，及时采取应急措施。

6.3.4　大坝监测系统安全检查

汛前应对大坝外部变形、渗流渗压、坝体接缝、内部观测、地震观测、水质分析和环境量监测等监测系统及观测仪器进行全面检查。重点检查是否按规定的监测周期进行监测以及观测数据是否正常，并填写检查记录。对观测资料应进行经常性整理分析，发现异常或疑点应及时复测和确认，并及时上报。

按照相关规范要求定期将观测仪器送具有相关资质检验单位进行检验，以确保仪器的可靠性。对有条件的监测项目及监测点，应定期进行人工比对观测或人工干预，给予一定物理变化量，以检查自动化测值的可靠性。定期对观测原始资料进行备份。

6.3.5　水情测报系统检查

汛前对水情自动测报系统的遥测站、中继站和中心站的设备进行检查测试，及时处理设备缺陷，确保系统正常运行。汛中遇雷电、暴雨、洪水、地质灾害等原因造成水情测报系统故障，或设备本身发生故障时，一般遥测站应在48h内抢修；中继站和重要遥测水位站应在24h内抢修。汛后对水情自动测报系统的遥测站、中继站和中心站的设备进行一次巡视检查与保养，确保系统正常运行。同时，还应进行分析、总结，不断完善其可靠性和测报精度。

汛期每3h、非汛期每天应巡查中心站设备一次，检查电源、电台、中心控制仪、水情服务器等运行状况，并对遥测雨量水位数据、站点设备工作状态进行监视和分析，及时掌握流域雨水情变化及遥测站点运行情况。

6.3.6　下游行洪通道和上游库区调查

6.3.6.1　水库下游行洪通道调查

下游行洪通道主要调查行洪通道内和行洪通道两岸影响洪水畅通、危及人民生命、财产安全的设障情况，危及水电站工程本身安全的活动。

（1）行洪通道内应调查：有无种植或自生的阻碍行洪的林木和高秆作物；有无阻碍行洪的违章搭盖、围垦、倾倒垃圾和土石渣等弃物；从事影响河势稳定，危害河岸堤防安全和其他阻碍河道行洪的活动；有无影响河道安全行洪的沙石土料、地下资源的开采；有无对河道壅水、阻水严重的桥梁、引道、码头和其他跨河工程设施；行洪通道内坍塌、滑坡、冲刷、淤积等情况；对安全行洪不利的航运情况；兴修水利水电工程对行洪通道的影响。

（2）行洪通道两岸应调查：建库后曾被洪水淹没的公路、铁路等交通道路情况；了解沿岸的植被、河岸稳定性、泥石流、塌方等情况；调查下游行洪通道防洪现状（如工程防洪标准、危险水位、警戒水位等）。

6.3.6.2　上游库区调查

调查校核洪水位（或水库移民迁移线、土地征用线）以下库区自然状况和人为活动，包括库岸坍塌、滑坡情况和原因；移民建设点建设情况；库区违章建筑情况；围垦、围库养殖情况；水库泥沙淤积情况；向水库及河道倾倒、掩埋、大量排放有毒物质、污水和生活垃圾等；公路、铁路、桥梁等交通道路情况；违章开采沙石料情况；利洪水调度的库区航运情况；大洪水的水库回水线。

调查库区天然植被情况，特别是库区防护林遭受人为破坏程度。调查库区上游兴建的水利水电工程的特性参数及健康状况，特别是险病坝溃坝时可能造成的危害，必要时要求工程管理部门提供设计、运行管理资料。调查水库集水区域内的防汛设施和库区测量标志、土地征用线界桩等永久性保护设施的完好情况。

6.3.6.3　调查结果处理

水库下游行洪通道和上游库区调查后，应对调查材料（含数据收集、拍照或录像取证）进行整理分析，形成书面报告，上报上级主管单位和地方政府，提请对存在的问题进行协调解决。

6.3.7　预防地质灾害检查

水电站的厂坝区域地形复杂，两岸山体受环境影响逐年风化，汛期易发生岩石松动、风化掉块、山体滑坡或坍塌等地质灾害事故。为防御或减轻地质灾害造成的不利影响，汛前、汛期及汛后应对重点地质灾害区域进行检查。重点地质灾害区域包括大坝、厂房、厂区道路等周边边坡。防止地质灾害巡视检查实行汛前检查、汛期巡查和汛后检查制度。

（1）汛前检查：组织对厂坝区重点地质灾害区域可能发生地质灾害部位进行全面检查，特别应对上年度汛后检查中提出的整改项目落实情况进行检查，并编写检查报告，对存在的危险部位应有处理或预防措施。

（2）汛期巡检：汛期厂坝区发生暴雨、地震、台风等自然灾害及大坝泄洪后，组织对厂坝区重点地质灾害区域可能发生地质灾害部位进行全面巡查，发现危险点，应及时落实隔离措施，划定警戒区域，设立告示牌，并落实应急处置措施。

（3）汛后检查：组织对可能存在地质灾害部位进行详细检查，必要时可委托地质专业单位进行勘查，并编写检查报告，报告中应明确需采取工程措施的部位、范围、处理方案及处理期限。

（4）汛后检查完成后，根据检查结果，原则上每年对厂坝区内易发生危石脱落的岩石边坡进行一次危石清理；对检查过程中发现的易发生危石脱落或山体坍塌的危险部位，应及时落实隔离措施，划定警戒区域，设立告示牌，并落实处置措施；对需采取较大工程措施的，按工程管理办法流程组织实施；巡视检查情况应做好详细记录并存档。

6.3.8 其他检查

检查防汛器材、物资储备是否充足，布设地点是否合理；是否按防汛物资管理规定建立台账、专人管理及领用审批手续。检查防汛车辆、船舶配备情况，以及车辆、船舶运行状态。

6.3.9 大坝检查评级

定期开展大坝安全检查，分析水工建筑物技术状况和运行情况，根据《水电厂水工建筑物评级标准》，每年汛后对水工建筑物进行一次检查和评级。在遇到特大洪水、强烈地震、建筑物严重异常和重大缺陷处理后，组织设计、施工、科研、运行等单位及时进行鉴定，编写评级或鉴定报告。

大坝水工建筑物评级内容包括挡水建筑物、引水建筑物、厂房及尾水建筑物、泄洪及泄水底孔建筑物、过坝建筑物。大坝水工建筑物评级标准按《水电厂水工建筑物评级标准》执行。

评级工作应在对大坝日常检查、年度详查、定期检查、特种检查的各种记录、图表、报告、大坝监测资料和大坝技术档案进行全面分析、研究后作出类别评定。大坝技术档案资料是大坝检查评级鉴定工作的基础，大坝运行管理单位应建立健全大坝技术档案。大坝技术档案内容包括地质资料，基础处理情况，坝工设计、施工情况，模型试验情况，建筑材料、坝基的各项物理力学指标，大坝竣工验收文件，大坝观测资料、大坝运行资料，重点部位维护加固资料等。

6.4　防汛值班

防汛值班带班领导由防汛领导小组成员担任。汛期以及台风、暴雨等其他防汛需要，防汛办负责安排每日防汛值班人员，履行现场防汛值班职责。防汛值班人员应认真贯彻执行上级有关防汛工作的指挥，及时了解掌握水库流域内雨情、水情、工情和天气形势，严格履行防汛值班岗位职责。防汛值班人员应坚守岗位，保持通信畅通，不得擅自离开值班岗位。

6.5　汛期巡视检查

6.5.1　暴雨洪水巡检及抢险

6.5.1.1　报警雨量及响应程序

当厂坝区降雨强度 1h 达 15mm 及以上时；2h 降雨量累计达 30mm 及以上时；3h 降雨量累计达 50mm 及以上时，应通报汛情。

当厂坝区降雨强度 1h 达 15mm 及以上时，防汛值班人员立即到责任区域进行现场巡视检查。当厂坝区 2h 降雨量累计达 30mm 及以上时，防汛办组织专业防汛抗洪抢险队参加厂区现场巡视检查。厂坝区 3h 降雨量累计达 50mm 及以上时，通知防汛抗洪抢险队进行厂区现场巡视检查，必要时向上级防汛机构报告。

6.5.1.2　巡视区域

（1）大坝、厂房、厂区道路等周边边坡、排水设施；

（2）厂房各排水系统管路、电缆沟、排风洞、交通洞；

（3）大坝廊道排水沟道；

（4）泄洪设施；

（5）蜗壳和尾水管进人孔周边；

（6）厂房各排水系统及所有通往下游的排水管、雨水集水井及其排水泵房、渗漏集水井、检修集水井及其排水泵房。

6.5.1.3　抢险

发生险情时，除巡检外，防汛抗洪抢险队应按指令集中于厂区待命。暴雨期间，若不具备户外巡检条件，应利用工业电视等远程监控手段进行检查。巡检人员在各处检查时如发现山体滑坡、排水沟道堵塞、集水井水位超高、排水泵失灵、排水管道向厂房和大坝廊道倒灌等险情，应立即向防汛办报告，由防汛办组织处理；无法处理时，防汛办应立即向防汛领导小组报告，由防汛领导小组组织抢险，必要时专业防汛抗洪抢险队参与抢险。抢险期间，防汛办协调后勤部门做好抢险车辆调度等保障工作。

6.5.2 防台风巡检及抢险

6.5.2.1 台风信息通报

当预报厂坝区域将在七级及以上风力影响范围内时，防汛办应向全体员工通报台风情况。根据台风预报情况安排防汛抗洪抢险队做好防台风准备工作。

6.5.2.2 巡视检查

在接到台风预报的通知后，立即组织对管辖设备和建筑物进行现场巡视检查。巡检中发现的缺陷和隐患，应立即进行消缺和隐患排除，无法处理时，应立即向防汛办报告。防汛办在得到缺陷和隐患报告后，应立即组织专业技术人员前往现场查勘，制定缺陷处理和隐患排除方案，并组织实施。

6.5.2.3 防台风措施

当厂坝区遇七级及以上风力影响时，防汛办安排防汛抗洪抢险队人员进行24h现场值班，并组织落实防台风措施。现场遇紧急情况时，各部门值班人员应立即向防汛办报告。

（1）台风来临时，水工观测人员对大坝变形、渗漏、裂缝和扬压力等主要项目实施加密监测，频率不少于3次/天，发现监测数据异常时，立即开展原因分析及处理，并随时向防汛办报告。

（2）水工维护人员对大坝、厂房等水工建筑物以及周边排水设施、厂区道路排水设施、挡土墙等进行全面检查，对松动的屋面构配件、建筑物门窗等采取必要的加固、锁定等措施；如发现山体滑坡、排水沟堵塞等险情时，应立即处理，尽快排除险情，并随时向防汛办报告。

（3）运行值班人员按调度令准确进行泄洪闸门启闭操作，密切监视大坝廊道集水井水位变化，发现水位变化异常时，立即通知处理，并随时向防汛办报告。

（4）防汛抢险物资管理员参与24h现场值班，随时响应防汛抢险物资调配。

（5）台风来临前运行人员应对户外设备进行巡检，重点检查各设备操动机构箱门、端子箱门以及动力柜门等锁闭情况；检查各类标示牌紧固正常；检查窗户锁闭情况。

（6）台风来临时，检查厂用电、直流系统正常运行，根据"黑启动"应急预案，做好事故预想。

6.5.2.4 注意事项

（1）巡视检查应做好详细记录。

（2）除应急抢险外，任何人不得擅自进入开关站等重点区域。

（3）厂坝区风力达5级及以上时，应停止所有露天高处作业、露天焊接或气割作业；当风力达6级以上时，禁止露天起重工作，并对作业现场设备、工器具进行转移或必要的加固。

6.5.3 特殊水位工况大坝安全监测及巡检

当上游水位、下游水位、上下游水位差、上下游水位日变幅达到特殊水位工况时，应做好特殊水位工况大坝安全监测及巡检维护工作。

观测人员组织落实加密观测及巡检工作，大坝安全信息管理系统监测频次不少于3

次／天。检查自动化系统运行稳定性、测值可靠性并做好记录。若自动化系统出现故障，应立即开展原因分析，并进行故障处理，必要时组织人工观测，确保大坝监测数据不中断，并及时上报。及时整编渗流、渗压、变形、接缝等监测资料，发现异常应立即上报。

加强检查坝体、坝体与基岩或岸坡结合处及厂坝接缝处的渗漏、伸缩缝开合情况，有无坝体止水破坏或失效等异常现象；检查厂房内各处排水口防倒灌设施以及各设备室渗漏水情况；检查大坝基础廊道渗漏水的流量变化及浑浊度；检查近坝库岸边坡是否有落石、滑坡、崩塌等异常现象。加强检查进水口漂浮物堆积及其对进水口拦污栅影响情况。泄洪时加强检查弧形闸门支臂和门叶运行、闸门振动及闸墩应力情况，注意观察泄水水流对下游建筑物的冲刷情况。

6.6 防汛报汛

6.6.1 对外联系

（1）与省防汛办、地方政府防汛部门、水文和气象部门等有管辖权的流域机构之间的日常业务对口联系。

（2）接受上级重要的防洪调度指令或其他重要的联系业务时，在实施前应及时向分管领导报告并征得同意，实施后应及时汇报执行情况。

（3）向省防汛办提出的实时洪水调度建议，应分别经过防汛办公室、防汛领导小组值班领导审定同意后，方可进行上报。

6.6.2 对内联系

水调部门负责水情监测及预报工作，依据水库和流域雨水情及变化发展趋势，做好日内发电计划的修改调整，并建议电调部门按照调整计划进行申报。发供电设备临时检修计划批准后，电调应及时通知水调，以便修改调整发电计划。

当水情自动测报系统预报入库流量将大于机组满发流量且预测可能产生弃水时，水调应立即建议电调及时申请加大发电负荷，减少不必要的弃水。当水库水位将临上限水位时，若负荷安排不足，水库水位仍继续上涨，水调应及时告知电调，建议继续申请加大发电负荷。若不能明确短期内可以加大发电负荷，水调应做好开闸准备，及时发出闸门调度单，避免水库水位超限运行。

水调无法通过水调自动化等系统查看实时负荷时，应立即通知抢修，同时告知电调，在系统恢复正常之前电调应逐时向水调报送机组负荷，以便在必要时调节闸门，控制水库水位和出库流量，确保水库安全运行。

在泄洪期间，若机组甩负荷，全站总出力降低一台及以上机组，且20min内无法恢复时，电调应及时通知水调，以便适时调整闸门开度，确保水库安全运行。收到闸门调度指令后，应按指令时间及时操作。闸门操作过程如遇指令操作的闸门故障，应立即通知水调，必要时调换闸门，确保及时执行调度指令。因安全检查、设备调试、冲排污物等非泄洪需要的泄洪闸门启闭操作，应按照相关规定履行审批手续后方可执行。

6.6.3 信息通报

汛前及汛期按相关规定向水库上下游相关单位、水电站所在地有管辖权的防汛部门通报水库防汛信息。通报防汛信息内容包括水工建筑物的设计防洪标准、水库洪水调度原则、设计承担的防洪任务；上年度流域水情和洪水调度情况；上级防汛工作要求及上级防汛制度；防汛组织机构组成人员及汛期联系人；对外报汛制度及报汛范围；年度水库汛期防洪调度运用计划；防御超标准洪水应急预案；汛期防汛联系方式及联系电话；水库洪水调度权责划分；汛前水库下游行洪通道和上游库区调查情况，需地方政府协调解决的问题；水库上、下游禁区范围；汛期下游沿岸与水库泄洪相关的安全注意事项；有关防汛工作的其他事项。

6.7 防汛物资管理

6.7.1 防汛物资分类

根据防汛需要，结合电站及防汛重点部位的实际情况制定《防汛抢险物资储备定额》，内容详见附录B。防汛抢险物资分为专用和后勤保障两类。专用防汛抢险物资包括抢险物料、救生器材、小型抢险器具等；后勤保障防汛抢险物资包括应急食品储备、应急交通车辆等。所有电气设备、机械设备、起吊设备、运输车辆、船舶、抽排水设备以及各种电动、手动工器具等均是防汛抢险应急物资的组成部分，并由设备责任单位负责管理。

6.7.2 防汛物资采购

根据《防汛抢险物资储备定额》编制年度采购计划，按审批后的防汛抢险物资年度采购计划进行申报、采购。防汛抢险物资仓库保管人员负责防汛物资的验收、领用、登记、保管和出入库管理，并按要求严格执行保管制度，切实做好防潮、防火、防盗等措施，做到账、物、卡相符。

根据小型抢险器具的特性，定期进行检测、充放电或试验，并做好检测或试验记录。应急抢险动用的小型抢险机具，抢险结束后应及时回收，经维修、测试正常后方可入库，并做好相应的记录。

汛期应每月对防汛抢险物资进行一次盘点存货和物资清查；非汛期应每季度对防汛物资进行一次盘点存货和物资清查，以保持账、物相符。因防汛抢险领用、存放期损坏或过期的防汛物资，根据《防汛抢险物资储备定额》及时报送补充采购计划。

6.7.3 领用管理

未经许可任何部门或个人不得擅自动用防汛物资。防汛物资的使用，一般情况由使用部门提出领用申请，经防汛办主任、防汛领导小组组长或副组长审批方可领用。

遇应急抢险特殊情况，防汛抢险物资可由使用部门先行领用，抢险结束后 5 个工作日内补办领用审批手续。

遇防汛抢险应急紧急需要时，所有电气设备、机械设备、起吊设备、运输车辆、船舶、抽排水设备以及各种电动、手动工器具等特殊抢险物资，均归防汛应急现场指挥部或防汛领导小组调用。

6.8　汛期通信管理及后勤保障

6.8.1　通信管理

6.8.1.1　汛前对通信设备进行检查的内容
（1）设备运行情况、有无异常，备品备件储备是否齐全。

（2）对防雷、防潮元器件进行测试，并检查防雷接地连接处是否紧固、接触是否良好、接地线有无锈蚀。

（3）重要电路及备用电路的运行情况是否良好。

（4）设备运行情况、运行参数是否符合标准。

（5）光纤尾纤是否保护完好，有无防潮、防小动物咬啮的保护措施。

（6）对卫星防汛电话的方位、馈线、话机、电池应详细检查，确保通信质量。

（7）专用电池应每月充放电一次。

6.8.1.2　汛期通信设备的日常维护工作
（1）主汛期机房湿度大，应做好有关设备的防雷防潮工作，检查所辖盘、柜、端子箱门是否能关闭严密。

（2）每日两次检查防汛电话系统是否畅通无阻，以确保防汛指挥通畅。

（3）每日做好前一工作日交换机、微波光端等Ⅰ级干线传输设备及生产管理交换机的数据库数据备份，以防设备死机时重新启动安装需要。

（4）采用不同路由的双通道迂回措施。

（5）故障抢修时，按照先抢通中继电路和Ⅰ级电路，再分别抢通各级普通电路的原则进行；对大面积的用户故障按照先抢通中继电路、重要电路再抢通普通电路的原则进行。

6.8.1.3　防汛通信突然中断应急措施
（1）当值班室的程控电话突然全部失灵，导致通信中断时，立即采用手机通知通信维护人员进行检查、抢修，并启用手机、卫星电话对外进行调度联系。当通信维护人员预计程控通信故障短时间难以排除时，水调值班员可与省防汛抗旱指挥部等单位联系，约定用手机、卫星电话进行报汛与调度工作联系。

（2）当程控电话、卫星电话、移动电话等多种通信手段有部分出现故障时，水调值班员应采用其他正常运行的通信设备直接与外界传递水情与调度信息。

（3）当水调值班室所有电话、网络通信均故障，与外界一切联系全部中断时，水调值班人员应根据水库实时水情和洪水预报成果，按照批准的年度洪水调度方案进行洪水调度工作。一旦通信恢复，应按报汛规定及时将洪水调度情况向有关单位汇报。

（4）水调值班室与闸门操作人员通信联系中断期间，溢洪闸门启闭操作通知单可采用卫星电话通信方式传递。通信联系恢复后，补传溢洪闸门启闭操作通知单。

6.8.2 后勤保障管理

汛期食堂应按照《防汛抢险物资储备定额》，结合日常食品消耗量，每天的库存量不少于定额标准。遇水库发生大洪水时，根据防汛领导小组的指示，及时协调增加食堂食品储备。

食堂管理人员对防汛应急食品的管理，必须严格执行《中华人民共和国食品卫生安全法》和食品保管制度，防止食物发霉变质。

汛期防汛应急交通车辆，按照《防汛抢险物资储备定额》进行配置，并24h待命。

6.9 防汛工作总结

每年应及时编写防汛工作总结并上报上级主管单位。水库入库洪峰流量大于规定量级的洪水，在洪水过后一周内，应编写洪水调度总结。

防汛总结主要内容包括雨情、水情和风情，主要洪水调度过程，受灾损失，防汛管理主要工作，防汛工作存在的问题，防汛工作的意见和建议等。

（1）雨情包括流域降雨、暴雨实况，时空分布，暴雨成因及特点。

（2）水情包括洪水过程，洪水主要参数，上下游洪水分布、每场洪水总来水量及洪水的特点等；汛期水库调度过程，包括最高水位、最大下泄量、汛期总弃水量、闸门启闭时间、汛末水库蓄水等内容。

（3）风情包括坝区及库区受影响台风次数和级别、强台风过程及台风主要参数等。

（4）主要洪水调度过程包括入库流量过程、泄洪闸门开启过程、出库流量过程、库水位变化过程（含调度图）等。

（5）受灾损失包括大坝及附属设施运行情况、发电情况、受灾及直接经济损失、总结经验教训等内容。

（6）防汛管理主要工作包括防汛责任落实、防汛设施维护、汛前防汛检查、隐患排查及整改、应急预案培训与演练、防汛物资储备、与各级地方政府和防汛部门的联防机制的建立等内容。

（7）防汛工作存在的问题包括提出需要上级主管部门或地方政府协调解决的防汛问题；防汛工作中存在的不足之处，且应改进的问题等内容。

（8）防汛工作的意见和建议包括对防汛中存在的不足或问题提出意见和建议。

7 大坝管理

7.1 大坝安全检查

7.1.1 大坝安全定期检查

7.1.1.1 一般规定

大坝定期检查范围包括挡水建筑物、泄水及消能建筑物、输水及通航建筑物的挡水结构、近坝库岸及工程边坡、上述建筑物与结构的闸门及启闭机、安全监测设施等。大坝定期检查一般每五年进行一次。首次定期检查后，定检间隔可以根据大坝安全风险情况动态调整，但不得少于三年或者超过十年。大坝首次定期检查应当在工程竣工安全鉴定完成五年期满前一年内启动；工程建完后五年内不能完成竣工安全鉴定的，应当在期满后六个月内启动首次大坝定期检查。

7.1.1.2 定期检查程序及要求

按照专家组意见总结上次大坝定期检查或工程竣工安全鉴定以来大坝运行状况和维护情况，提出运行总结报告；按照专家组意见对大坝进行现场检查，并且提出现场检查报告；按照专家组意见，组织开展专项检查，提出专项检查报告并且经过专家组审查；国家及相关部门对专项检查有资质要求的，专项检查承担单位应当具备相应资质。承担单位应当按照专家组的要求开展工作，提交满足大坝安全评价技术要求的技术成果。

大坝定检报告应当包括以下主要内容：工程概况；历次大坝定期检查（或竣工安全鉴定、枢纽工程专项验收）意见落实情况；本次大坝定期检查工作情况；大坝设计、施工质量评价（仅对首次大坝定期检查）；大坝运行和检查情况；专项检查（研究）成果；大坝安全评价及大坝安全等级评定意见；存在的问题和处理意见；运行中应当重点关注的部位和问题；大坝定期检查报告应当评定大坝安全等级，对工程缺陷与隐患提出处理要求；重要函件公文、收集的现场资料与试验数据、专题论证以及咨询报告等均应当作为大坝定期检查报告的附件。

大坝定期检查时间一般不超过一年半。对于工程相对复杂、安全问题突出、风险较大的大坝，大坝定期检查时间可以适当延长，但不得超过两年半。大坝定期检查时间以专家组首次会议为起始时间，以印发大坝定期检查审查意见为结束时间。

7.1.1.3 监督管理

针对定检发现的问题，根据大坝除险加固有关规定，按照大坝定检审查意见提出的处理意见和要求，制定整改计划，限期完成补强加固、更新改造等整改工作，并且将整改计划及整改结果及时报送大坝中心，抄送有关派出机构。对存在重大缺陷与隐患的大坝，应当进行大坝险情评估，并且完善大坝险情预测和应急预案。大坝安全等级分为正常坝、病坝和险坝三级。

7.1.2　大坝安全注册登记

7.1.2.1　一般规定

大坝运行实行安全注册登记制度，应当在规定期限内申请办理大坝安全注册登记。在规定期限内不申请办理安全注册登记的大坝，不得投入运行，其发电机组不得并网发电。不满足注册登记条件或者未取得安全注册登记证的大坝，应当在规定期限内办理登记备案手续，并且限期完成大坝安全注册登记。

大坝安全注册登记实行分类、分级管理：符合安全注册登记条件，大坝安全管理实绩考核评价满足要求的大坝，核发安全注册登记证；安全注册登记等级分为甲级、乙级和丙级；符合安全注册登记条件，大坝安全管理实绩考核评价不满足要求的大坝，出具大坝登记备案证明；因未完成工程竣工安全鉴定而不符合安全注册登记条件的已建大坝，出具大坝登记备案证明。

大坝安全注册登记实行动态管理。甲级安全注册登记证有效期为五年，乙级和丙级安全注册登记证有效期为三年。

7.1.2.2　安全注册登记、登记备案程序

大坝安全注册登记等级依据大坝安全状况及管理实绩，按照如下原则确定：大坝安全管理实绩考核评价在八十分以上的正常坝，安全注册登记等级为甲级；大坝安全管理实绩考核评价在六十分以上、不满八十分的正常坝，安全注册登记等级为乙级；大坝安全管理实绩考核评价在八十分以上的病坝，安全注册登记等级为丙级。安全注册登记等级为乙级、丙级的大坝，运行单位应当及时整改，达到甲级标准。

大坝安全管理实绩由大坝中心现场检查评定，主要考核评价内容如下：贯彻执行大坝安全法律法规和标准规范情况；大坝安全制度规程建设和执行情况；大坝安全工作人员素质和能力；防汛、应急管理、大坝安全信息报送情况；大坝安全检查、监测情况；大坝安全资料及档案管理情况；大坝维护、隐患及缺陷处理、整改落实及安全经费保障情况。

大坝安全注册登记程序包括注册登记申请、材料审查、专家评审、注册决定、颁发证书等环节。对于已蓄水运行的未注册登记大坝，运行单位应当在完成工程竣工安全鉴定或者大坝安全定期检查三个月内，向大坝中心书面提出安全注册登记申请。申请时提交安全注册登记申请书、企业证照、新建水电站工程竣工安全鉴定报告等材料。

对于已注册登记大坝，运行单位应当在大坝安全注册登记证有效期届满前三个月向大坝中心提出书面安全注册登记换证申请及相关变更材料。主管单位、运行单位、大坝安全等级，以及工程级别等注册登记主要事项发生变化的，运行单位应当在三个月内将有关情况报大坝中心，办理安全注册登记变更。

大坝登记备案程序主要包括材料报送、材料审查、出具登记备案证明等环节。新建大坝通过蓄水安全鉴定后，建设单位应当在首台发电机组转入商业运营前，将工程蓄水

安全鉴定报告、蓄水验收鉴定书以及有关安全管理情况等报大坝中心登记备案。

7.1.2.3　监督管理

持续改进大坝安全管理工作，每年按照大坝安全管理实绩考核评价的相关要求进行自查，并将自查情况报送大坝中心。

取得甲级安全注册登记证的大坝，发生下列情形之一的，由大坝中心提出并经国家能源局批准后，降低安全注册登记等级：在最近一次大坝安全定期检查或者特种检查中被评定为病坝的，降为丙级；在最近一次大坝安全定期检查或者特种检查中发现重大缺陷或者隐患后，超过六个月未安排处理的，降为乙级；大坝关键部位、重要项目安全监测设施不符合要求，定期检查或者特种检查结束后一年内未安排整改的，降为乙级；未按照计划开展大坝安全定期检查相关工作，逾期超过一年的，降为乙级；大坝安全管理实绩考核评价不满八十分、但在六十分以上的，降为乙级。

取得安全注册登记证的大坝，发生下列情形之一的，由大坝中心提出并经国家能源局批准，注销安全注册登记证，出具登记备案证明：大坝发生设防标准内洪水漫坝、坝体结构严重损坏等影响大坝安全和水电站正常运行的重大事件的；大坝安全管理实绩考核评价正常坝不满六十分、病坝不满八十分，三个月内未按照要求整改的；注册登记证有效期满后逾期六个月仍未申请换证的；最近一次安全定期检查或者特种检查评定为险坝，或者评定为病坝后六个月内未按照要求整改的；取得乙级安全注册登记证的大坝未按照计划开展安全定期检查相关工作，逾期超过一年的。

取得安全注册登记证的大坝，有下列情形之一的，按照有关规定处理，由大坝中心提出并经国家能源局批准或者由国家能源局责令，撤销安全注册登记证，出具登记备案证明：采用隐瞒、欺骗、贿赂等不正当手段取得安全注册登记证的；大坝中心有关人员违反规定颁发安全注册登记证的。

取得安全注册登记证的大坝，发生下列情形之一的，由大坝中心提出并经国家能源局批准，安全注册登记证作废，办理注销手续：经批准，大坝已经退役的；经批准，大坝已经拆除重建的；大坝已经失去挡水功能的。

7.2　水库运行及调度

7.2.1　一般规定

7.2.1.1　基本要求

（1）水电站水情自动测报系统运行维护管理内容主要包括站点日常管理、巡检维护、故障维修、记录与总结、设备台账、设备备品、技术改造等。

（2）水情遥测站网的布设应根据水库流域洪水预报方案的要求确定，并保持稳定。如因流域水文特性变化或人类活动影响等原因，需调整遥测站网，应根据预报调度的要求，按照合理经济的原则，经论证审批后实施，确保能及时、准确地掌握流域内的水情和趋势。

（3）水情自动测报系统设备计划检修、停役或软件修改升级，如果影响与上一级调度主管部门数据通信或转发数据时，应提前一个工作日报上级调度主管部门审批。水情自动测报系统发生系统全停或异常，影响与上一级调度主管部门数据通信时，应尽快采取措施恢复运行，故障抢修时间超过 1h，应及时报告上级调度主管部门。

（4）水情自动测报系统建成投运后，应重视系统的运行管理，6~8 年应进行系统全面的综合性评价。

7.2.1.2　运行维护人员要求

（1）水情测报系统运行、维护人员应经岗位培训合格，方可上岗。

（2）系统运行人员应熟悉系统原理、结构和有关设备的功能与技术指标，熟悉水电站工程特性和上游流域特性，熟悉系统软硬件和遥测设备仪器使用方法。

（3）系统维护人员应具有水文、计算机应用等方面专业知识，并了解一定的通信专业知识，熟悉水电站工程特性和水库流域特性，熟悉水情遥测站点的布设情况、水调自动化系统软硬件设备使用方法、相应规范和操作规程，具有相应的专业技能并经培训合格。

7.2.1.3　系统运行、管理要求

（1）水情自动测报遥测站点的看护管理宜采取就近委托方式，委托相关单位或个人对测报站点进行现场管理。

（2）应储备必要的备品备件和配备专用车辆以及系统维护所必需的仪器仪表和工器具，及时开展水情遥测站点的巡视检查、日常维护与故障抢修工作。汛期野外遥测站点一旦出现故障，应尽快前往排除，更换损坏零部件、排除故障。完成维修任务后，应把故障部位和性质、更换零部件和排除故障所用时间等记入技术档案。

（3）水情自动测报系统的备品备件，配备数量可按系统规模确定，但不应少于系统设备数量的 15%，不足 1 个时，应按 1 个配备。备品备件应每年汛前检查一次，确保随时可用。

（4）系统应建立相应的设备台账，对设备从购置到报废的全过程实现动态管理。

（5）严禁随意对设备断电、更改设备供电线路；机房内严禁串接、并接、搭接各种电气设备和工器具。如发现用电安全隐患，应及时采取措施排除，不能及时排除时应立即向相关负责人员报告。

7.2.1.4　资料管理要求

（1）水库调度中所有技术及运行维护记录、总结、专题报告等资料，要及时归档保存。水情自动测报系统责任班组应每天做好运行记录，每月统计上报主要运行指标，重要情况应及时提交专题报告，系统维护应及时记录相关内容。

（2）系统运行总结采用年度总结制。总结由水情自动测报系统运行单位在年底前完成，并于次年 1 月 10 日前上报水电站主管单位。总结内容包括设备运行情况、水文预报情况、综合效益分析、存在的问题及改进意见等。

（3）调度中水量平衡计算表、水库调度日志、月统计表、年报表等有关资料分别在月末及年末整理汇编，第二年年初归档保存。

7.2.2　水库调度运行

7.2.2.1　洪水调度

在无预报或预报成果无法应用于实际调度的情况下，一般采用库水位为判别标准进行洪水调度。当水情自动测报系统运行正常且预报精度能满足实际调度需要时，也可采用预报入库流量为判别标准进行洪水调度。

年度洪水调度中应以地方防汛抗旱指挥部当年批复的洪水调度方案进行调度。当设计调度规则与当年批复的洪水调度方案不一致时，应以批复的洪水调度方案为准。汛期水库洪水调度应按照有相应管辖权的地方防汛抗旱指挥部批准的调度方案执行，任何单位和个人不得干预。在防汛期间，如有相应管辖权的地方防汛抗旱指挥部门和防汛办有电话或口头命令指示，必须录音和有文字记录。有关领导在场时，文字记录须经其审阅。

在洪水调度中应注意把水文气象预报和调度结合起来，在洪水到来之前，可提前采取加大发电腾库或预泄措施，最大限度地提高水量利用程度。在洪水调节过程中，要不断根据水情变化，及时提出新的预报成果及调洪措施。

每一场次洪水过后一周内应编写上报本场次洪水总结，总结内容应包括雨情、水情、洪水调度，经验教训等。其中，应突出洪水调度实况和经验教训两部分。汛期结束后，应对整个汛期的水库洪水调度进行预总结，年初编写年度水库调度总结并成文上报。

7.2.2.2　发电调度

水电站水库发电调度按其相应的电力调度图及电力调度规则进行。水库电力调度规则如下：

（1）在汛期，库水位限制在汛期限水位以下，按不蓄出力发电，电站随来水流量的加大而增加出力直至满发。

（2）在非汛期，尽可能保持高水位运行，提高发电水头，同时注意减少弃水，增加发电量。

（3）在供水期，要注意经济用水，细水长流。

（4）在非汛期，当库水位在保证出力区按保证出力发电；当库水位在加大出力区，多余水量原则上一次用完，以减少弃水；当库水位在降低出力区，按降低出力发电；若库水位降至发电消落水位时，按来水流量发电。

7.2.2.3　闸门调度

当水库调度需要通过溢洪闸门宣泄流量时，既要考虑下游防冲要求，又要顾及闸门操作安全方便，各闸门尽量保持均匀泄流。选择闸门启闭顺序时，应考虑尽可能减少坝下水流对坝下两侧建筑物的冲刷、坝下大范围的回流和泄洪水流的挑流高度影响。

当洪水调度需要时，可对已开启的闸门进行单孔或多孔开度调整。当水库调度需要进行较大变幅的流量调整时，可允许闸门开度跨档调整。当需要泄流时，若闸门因事故不能开启时应把事故闸门的流量平均分配给其余孔。

闸门操作时禁止相邻或相近闸门同时反向操作，即闸门开度同时进行增大和减小的操作。闸门启闭时操作人员应实时监视泄洪水流，发现异常应立即停止操作或采取纠正措施。

7.2.2.4　水文情报工作

水情站网所有雨情、水情资料应定期进行计算与整理，年底进行整编，统一管理。水文情报的发报项目和内容按每年上级单位及地方防汛抗旱指挥部的《水情拍报任务书》和水库报汛规程执行。

报汛情报应及时记录或录音，并登记在规定的记录簿内，当发现报汛情报有疑问时应及时查询，收到查询答复后也应及时记录。报汛电文应进行校对，向外发报应做到不错报、不迟报、不缺报、不漏报，发报中有差错，应及时拍发更正电报。

7.2.2.5　洪水预报

水情自动测报系统逐时自动进行洪水预报和不定时人工干预预报。进行人工干预预报时，要考虑上游各电站的调蓄影响，修正洪水预报结果。

水库出库流量的预报根据预报人员最终确定入库流量预报值、水库水位情况和发电引水条件而定。如需要泄流时，预报出库流量为各时段计划泄洪流量与计划发电流量之和。

水库逐时段库水位预报值根据入库流量、出库流量预报值通过调洪演算确定。预报作业后，应密切注意水情的发展，发现原预报不准，应及时修正，允许对未来时刻的各项预报值作修改，但已过去时刻的预报值不能修改。

7.2.3　水情自动测报系统检查与维护

7.2.3.1　日常维护

汛期每天应对中心站系统服务器、网络服务器及外围设备等进行一次例行巡视，对来自遥测站的水位数据（包括人工置数水位、流量）、雨量数据、设备电池电压、数据传达通道及设备工作状态进行监视和分析，并做好详细记录。在恶劣天气和大洪水期间可适当增加检查次数，一旦出现故障应及时处理。中心站设备每日巡视一次；坝上、下游水位站每周巡视一次，并做好记录。交接班时应对水情自动测报系统运行状况（特别是异常或故障情况）进行详细交代。

对水情自动测报系统运行状况（包括遥测站点）进行日常定时检查，发现异常或故障立即处理，无法排除时通知维护人员及时抢修。维护人员应按时开展水情测报系统的汛前检查、汛期巡查和汛后检查，发现异常或故障立即排除，做好记录。

7.2.3.2　定期维护

（1）维护周期：汛前、汛后应对系统各进行一次定期检查维护。在系统投入运行的前2~3年要适当增加定期检查次数。暴雨、洪水、台风（大风）期间或过后，应根据具体情况而定，安排专项检查、维修或全面检查。

（2）对系统设备的运行状态应全面地检查和测试，发现和排除故障，更换存在问题的设备或零部件，并做好记录。内容如下：

1）清洁设备。清理积在雨量器承雨器中的杂物，清洗太阳能电池板，清理水位井进水口的水草、淤沙。

2）检查设备的防水防潮情况。

3）检查电源及设备通信情况。

4）检查设备接地情况。

5）检查有无阻碍雨（水）量测量的因素，有无阻碍水位计正常运行的因素。

6）检查接头接触是否良好、有无腐蚀。

7）校核雨量计、水位计等。

7.2.3.3　故障处理

时间要求如下：

（1）中心站故障应在 2h 内处理。坝上、下游遥测水位站故障应在 6h 内处理。

（2）中继站和重要遥测水位站发生故障时，维护人员应在 24h 以内到达站点抢修，尽快恢复其正常运行。

（3）如达不到上述要求，应采取必要的冗余方式。

7.3　水工建筑物管理

7.3.1　一般规定

7.3.1.1　基本要求

大坝出现险情征兆时，大坝运行单位应当立即报告大坝主管部门、地方防汛指挥机构和电力监管部门，并采取抢救措施。抢险工作结束后，大坝运行单位应将抢险情况向大坝主管部门、地方防汛指挥机构和电力监管部门报告。

对尚未达到设计洪水标准、抗震设防标准或者有严重质量缺陷的险坝，大坝主管部门应组织有关单位进行分类，采取除险加固等措施，或者废弃重建。险坝加固应由具有相应设计资质的单位作出加固设计，经审批后组织实施。险坝加固竣工后，由大坝主管部门组织验收。在险坝加固前，大坝运行单位应对险坝可能出现的垮坝方式、淹没范围作出预估，制定保坝应急措施，报防汛指挥机构批准。

水电站大坝补强加固和更新改造工程，应进行设计审查。对于涉及大坝地基和隐蔽工程的施工项目，施工过程中应按照隐蔽工程的要求，进行专项验收。

大坝运行单位在排除大坝险情后，应及时组织修复工作，尽快恢复生产。

7.3.1.2　运维人员要求

水工建筑物运行维护人员应经过相关岗位技术培训合格后，方可开展相应的水工建筑物的运行维护工作，并逐步做到持证上岗。应熟悉水工建筑物特性及其管理要求，具备发现水工建筑物缺陷的能力，熟悉处理缺陷的方法和工艺。

7.3.1.3　水库大坝区域管理要求

（1）大坝及其设施受国家保护，大坝运行单位应加强大坝的安全保卫工作。枢纽区安全护栏、防汛道路、界桩、告示牌等管理设施应完好。

（2）在大坝管理和保护范围内不得进行爆破、打井、采石、采矿、挖沙、取土、修坟等危害大坝安全和破坏水土保持的活动。在水库内，任何单位或个人不得进入距水工建筑物三百米区域内炸鱼、捕鱼、游泳及其他危及水工建筑物安全的行为。在坝体上不得修建码头、渠道、堆放杂物、晾晒粮草，不得将坝体作为码头停靠各类船只。在大坝的集水区域内发现有乱伐林木、陡坡开荒等导致水库淤积的活动，或在库区范围内发现围垦和进行采石、取土等危及库周山体的活动的，大坝运行单位应立即制止，并上报地方主管部门予以纠正。

（3）大坝运行单位应按地方政府要求做好相应反恐怖防范工作；任何单位和个人不得干扰大坝的正常管理工作。

7.3.1.4 资料管理要求

（1）日常运行、维护工作应在巡检或维修过程中及时记录下相关的数据以及参加人、记录人；日常巡检还应同时记录与状态相关的环境量（如水位、气温、降水量等）。

（2）需要整理的资料应在现场采集工作完成后随即进行；若发现异常数据应及时求证与报警。

（3）建立大坝相关资料档案的归档制度；应于每年汛前完成上一年度资料的归档工作。资料包括大坝安全检查（日常巡查、特殊检查、年度详查和专项检查等）、大坝安全监测成果、水情测报系统资料、水库调度资料等各种现场原始记录、图表。

7.3.2 水工建筑物运行

7.3.2.1 挡水及泄水建筑物运行要求

（1）大坝坝顶应保持一定的排水坡度，大坝表面（包括坝顶、坝坡和坝肩等）应平整无积水、无杂草、无弃物，防浪墙、坝肩、踏步完整，轮廓鲜明，坝端无裂缝、无凹坑、无堆积物。大坝坝顶、坝坡不得种植树木、农作物，不得放牧、铲草皮，不得搬动护坡和导渗设施的沙石材料等。

（2）不得在大坝坝面堆放超过结构设计荷载的物资，不得使用引起闸墩、闸门、水工结构等超载破坏和共振损坏的冲击、振动性机械；不得在坝面、水工结构构件上烧灼；有限制荷载要求的建筑物应悬挂限荷标示牌。各类安全标志应醒目、齐全。

（3）大坝局部出现破损应及时修补，保持大坝工程和设施的安全完整、正常运用。大坝坝体出现裂缝、凹坑、鼓包等缺陷，应建立台账，描述缺陷所处部位、位置、性状，是否存在析钙、渗水现象；土坝坝体还应描述是否存在管涌或流土现象；缺陷应列入定期巡检范围，做好记录，必要时应进行处理。

（4）过流面应保持光滑、平整；泄洪前应清除过流面上能引起冲磨损坏的石块和其他重物。坝前泥沙淤积和坝后河床冲淤情况应定期监测。淤积影响枢纽正常运行时，应进行冲沙或清淤。有排沙设施的大坝应及时排淤；无排沙设施的，可利用底孔泄水排淤，也可进行局部水下清淤。

（5）应设置完备的排水系统，并及时巡查、清理，保持排水通畅。坝体廊道内应整洁、无杂物，地面无积水，照明良好。大坝集水井应设置2套以上不同原理的水位传感器。

7.3.2.2 输水建筑物运行要求

（1）应严格根据设计要求，保证进水口在水库最低水位下运行时有足够的淹没深度。在各级运行水位下，进水口应水流顺畅、流态平稳、进流匀称。进水口所需的设备齐全，闸门和启闭机的操作应灵活、可靠，充水、通气和各类通道应畅通。多泥沙河流上的进水口应设置有效的防沙措施，防止泥沙淤堵进水口，避免推移质进入引水系统。严寒地区的进水口，应有必要的防冰措施。进水口应具备可靠的电源和良好的交通运输条件，并应有设备安装、检修及清污场地，以便于运行和管理。

（2）根据河流污物的种类、数量和漂移特征因地制宜地采取相应的导污、清污措施，并及时清除进水口前积聚的污物。拦污栅和清污平台的布置应便于清污机操作和污物的清理及运输。多污物河流上进水口的拦污栅应装设监测压差的仪器，以掌握污物堵塞情况，便于及时清理。拦污栅前、后水压差控制值应以设计文件为准。

（3）机组事故快速闸门应配置一路独立于厂用电的应急电源[如柴油发电机、UPS（不间断电源）或地区电源]。每半年进行一次事故闸门应急电源切换，抽蓄电站应进行上水库、尾水事故闸门及下水库事故检修闸门全行程提落门试验，做好闸门全关机械位置（钢丝绳）标记。

（4）压力隧洞的充、放水工作应参照已建工程经验，提请设计单位提供充放水技术要求，制定可行的充水、放水方案，并经大坝运行单位技术管理部门评审，报总工程师批准后实施。压力隧洞放空和充水过程应进行实时监测，其主要监测项目有水道内外水压力、水道渗漏量、水道外排水量、水道系统特殊部位的应力和变形等。压力隧洞的充水（放水）过程应严格控制充水（放水）速率，并划分水头段分级进行。每级充水（放水）达到预定水位后，应稳定一定时间，分析监测成果，确认压力隧洞各相关部位变形、渗漏情况正常后，方可进行下一水头段的充水（放水）。在实施充水之前和放空之后，应全面检查水道系统，如洞身结构、外观状况、交叉封堵堵头（包括施工支洞封堵体）、排水设施、金属结构启闭状况及监测系统等方面。运行期，宜每5~10年安排一次水道系统全面检查，检查发现的问题应及时处理；水道检查和缺陷处理的工期应充分考虑电站水头、水道周边地质条件、水道衬砌结构型式等因素，结合水道检查和缺陷处理工作实施难度确定。

（5）调压室的运行应根据上下游水位、电站的运行特性、压力水道和调压室设计状况等因素，严格按照设计提出的调压室运行要求和限制条件运行。

7.3.2.3 厂房运行要求

（1）泄洪对厂区造成的雾化等不利影响的，应采取相应的防护措施。进入厂房的主要交通道路在设计洪水标准条件下应保证畅通；在校核洪水标准条件下，应保证进出厂人行交通不致阻断。

（2）蜗壳层应至少设置两个安全通道，并保持通道畅通。地下厂房安全出口大门，应有从内部打开的措施。

（3）厂房应采取可靠措施防止洪水倒灌。对可能导致水淹厂房的孔洞、管沟、通道、预留缺口等应采取可靠的封堵和引排措施。应绘制防外水进入厂房的井坑孔洞封堵图，标明孔洞位置及封堵时机。建立防止水淹厂房隐患排查的常态化工作机制，对排查出的隐患或缺陷及时治理验收。

（4）厂房集水井应设置2套以上不同原理的水位传感器。主厂房最底层应设置不少于3套水淹厂房保护水位信号器。厂房排水系统设计应留有裕量，充分考虑电站实际运行情况，选用匹配的排水泵，并设置一定容量的备用泵。

（5）电站重要部位应安装防护等级不低于IP67的固定工业电视摄像头，应自带大容量存储卡，工业电视系统设备UPS持续供电时间不应小于1h。

7.3.3 水工建筑物检查与维护

7.3.3.1 日常巡查

（1）水库首次蓄水或提高水位期间，宜每天 1 次或每 2 天 1 次，具体依库水位上升速率而定。

（2）正常运行期，每月应不少于 1 次，汛期应增加巡视检查次数；当水库遇到特殊工况时，应适当增加巡视检查次数。

7.3.3.2 特殊情况下的巡视检查

（1）当大坝遭遇水库高水位或低水位、低气温或者冰冻期等不利环境因素影响时，应增加巡视检查频次。

（2）当坝区（或其附近）发生强震、特大暴雨、大洪水或库水位骤降、骤升时，应增加巡视检查频次。

（3）其他影响大坝安全运行的特殊情况发生时，应及时增加巡视检查频次。

7.3.3.3 年度详查

年度详查应于每年一季度前完成。应结合汛前、汛后的年度巡视检查成果，分析上一年度内大坝及其附属设施运行情况、洪水调度情况、设备缺陷及处理等对大坝安全的影响；重点分析变形、裂缝、渗水和扬压力等测值变化情况，分析其对水工建筑物安全的影响；并按要求格式提交年度详查报告。

年度巡视检查主要要求如下：

（1）每年至少在汛前和汛后各进行一次。

（2）年度巡视检查在现场工作结束后 20 天内应提出详细报告。

（3）年度巡视检查除按规程对大坝各种设施进行外观检查外，还应检查、分析大坝运行、维护记录和监测数据等资料档案，初步评判大坝运行性态。

（4）每年汛前应对泄洪设施、大坝监测系统、水情测报、通信和照明等系统进行全面的检查，检查泄洪闸门、启闭设备、动力电源试运转情况，检查防汛抢险物资、应急通信以及交通运输设施的准备情况，检查与有关部门签订气象、水情服务协议情况，检查水情传递、报警以及大坝运行单位与大坝主管部门、上级防汛指挥机构之间联系是否通畅。

（5）每年汛前、汛后，检查水电站大坝、近坝库岸和下游近坝边坡是否有危及大坝和水库安全的情况。

7.3.3.4 专项检查

（1）在能源局注册的大坝，其安全注册和定期检查工作应按照《水电站大坝运行安全监督管理规定》〔国家发展和改革委员会令第 23 号（2015 年）〕要求进行；在水利系统注册的大坝，其大坝注册和安全鉴定工作分别按照《水库大坝注册登记办法》（水利部水政资〔1997〕538 号）和《水库大坝安全鉴定办法》（水建管〔2003〕271 号）要求进行。

（2）对发现的缺陷、隐患要及时治理，必须整改的问题要在下一轮大坝定期检查（或安全鉴定）前完成治理。

（3）大坝遭受超标准洪水或者破坏性地震等自然灾害以及其他严重事件后，应进行特种检查，全面评价大坝安全性。

7.3.3.5　检查方法和记录要求

（1）大坝安全检查可通过目视、耳听、手摸、鼻嗅等直观方法，并辅以锤、钎、量尺、放大镜、望远镜、照相机、摄像机等工器具进行。巡视检查工作应由经验丰富、熟悉本工程情况的水工专业技术人员主持，检查人员不应任意变动。

（2）每次巡视检查均应按规程进行现场记录，宜附有略图、素描或照片及影像资料等，并将检查结果与上次或历次检查结果对比、分析。可采用坑（槽）探挖、钻孔取样或孔内电视、注水或抽水试验、化学试剂测试、水下检查或水下电视摄像、超声波探测及锈蚀检测、材质化验或者强度检测等特殊方法进行检查。

（3）现场记录应及时整理，并结合监测资料编写检查报告和建立档案。对工程应逐项检查和记录，对异常和损坏部位应详细说明，并进行摄像或录像，以待专项调查和养护修理。

（4）巡视检查的重点是大坝的异常现象，如裂缝、异常变形、沉陷、渗漏、混凝土剥蚀、钢筋锈蚀、滑动、隆起、塌坑、冲刷、局部变形等。水工建筑物检查内容详见附录 C 中表 C.1。

（5）检查中如发现大坝有损伤，附近岸坡有滑移、崩塌等征兆或其他异常迹象，应立即上报，并分析其原因。对巡视检查中发现的安全问题，应立即处理；不能处理的，应及时报告本单位有关负责人。巡视检查及处理情况应以文字、图表的方式记载保存。

7.3.3.6　日常维护

水工建筑物日常维护包括混凝土建筑物维护、输水洞及溢洪道维护、边坡维护等。水工建筑物日常维护要求详见附录 C 中表 C.2。

7.4　大坝安全监测管理

7.4.1　一般规定

7.4.1.1　基本要求

大坝运行单位应按照相关规范的要求编制水工监测规程或各监测项目作业指导书，明确监测项目、周期、方法、仪器、精度和记录要求，开展大坝安全监测工作，大坝安全监测项目和测次设立见附录 D 中表 D.1 表 D.4 的规定，变形渗流监测的测量中误差控制要求见附录 D 中表 D.5、表 D.6；应编制监测设施检查维护规程，明确监测设施检查和维护的周期、检查内容和要求，开展监测系统日常检查和维护工作。

监测仪器设备及其配套设施的使用、检验和校正，按《光学经纬仪》（GB/T 3161）、《全站仪》（GB/T 27663）、《水准仪》（GB/T 10156）等规范执行。现场安装的监测仪器设备应有保护措施，定期进行巡查和维护。监测仪器设备故障应及时维修处理，维修后应重新率定校核，并做好维护记录，注明仪器、仪表或装置的异常和故障，记录电缆接长或剪短等情况。

同一项目的监测方法应相对固定，监测方法变更后应及时修订监测规程。同一监测项目的监测仪器、监测人员宜相对固定；监测仪器或监测人员变更后，应及时记录，并采取措施以保证资料的连续性。测值出现异常时，应进行复测、确认，并进行记录和说明原因。

监测仪器设备的封存、报废，监测项目、测点、频次和期限的调整，应按照《水电站大坝安全监测工作管理办法》（国能发安全〔2017〕61号）的相关要求，由大坝运行单位提出，大坝上级管理单位审批后实施，实施情况应报送大坝中心。对于大坝安全重要的监测项目应保证其完好，如仪器设备失效应尽快修复、更换或采用其他替代监测方式。

监测系统在功能、性能指标、监测项目、设备精度及运行稳定性等方面不能满足大坝运行安全要求时，应进行更新改造。监测系统改造工作应采用通过审查的设计方案；施工完成后经过一年试运行合格后，方可进行竣工验收。监测系统更新改造过程中，大坝运行单位应对重要监测项目采取临时监测措施，保证监测数据有效衔接。监测系统自动化改造时应尽可能保留原有的人工监测系统。

大坝运行单位应按照《水电站大坝运行安全信息报送办法》（国能安全〔2016〕261号）规定，及时报送大坝安全监测信息。大坝运行单位应建立监测资料数据库或信息管理系统。

7.4.1.2 运维人员要求

（1）配备从事大坝安全监测的专业技术人员；监测人员应经过相关岗位技术培训合格后，方可开展相应的大坝安全监测工作，并逐步做到持证上岗。

（2）监测人员应具备必要的水工专业知识，了解大坝及相关水工建筑物的结构和运行特性，熟悉监测设施的布置情况、监测仪器设备使用方法、相应规范和操作规程、监测精度控制要求。

（3）负责监测资料整编和分析的人员还应掌握监测物理量的计算方法、监测资料规律性分析和相关物理量对比分析的方法，熟知监测重点和相关监测物理量运行监控指标或安全警戒值。

7.4.1.3 监测系统运行、检查和维护要求

（1）日常监测应按《混凝土坝安全监测技术规范》（DL/T 5178）和《土石坝安全监测技术规范》（DL/T 5259）及相关规范、规程以及设计要求的时间和频次、技术要求进行。测值出现异常变化时应复测确认，分析数据异常原因，必要时加密观测；若确认系监测系统故障的，应尽快查明故障原因并及时修复。当发生地震、非常洪水或其他可能影响大坝安全的异常情况时，大坝运行单位应加强巡视检查，增加监测频次（必要时增加监测项目），分析监测数据，评判大坝运行状态，及时上报有关情况。

（2）大坝运行单位应定期开展长系列监测资料综合分析工作，监测资料分析应突出趋势性分析和异常现象诊断，对大坝的关键监测项目，应提出运行监控指标。长系列监测资料综合分析工作可结合大坝安全定期检查开展，但两次综合分析监测资料时间间隔不得超过五年。

（3）监测系统发生故障时，应及时进行维修处理，故障排除后应重新检验、校正，并详细记录；在此期间，应考虑替代监测方式进行测量，直至系统恢复。监测自动化系统应配备必需的备品、备件。仪器应有防挤压、防冻、防潮和防高温措施，精密测量仪器应防日晒、雨淋、碰撞震动。监测仪器设备应专库存放。监测设施、传感器应按设计要求、规范和说明书进行安装、埋设、调试，并及时取得初始值。

7.4.1.4　资料管理要求

（1）大坝运行单位应建立大坝安全监测技术档案。人工监测、自动化监测、巡视检查和设备的运行维护均应做好所采集数据（或所检查维护情况）的记录，并按档案管理规定，同时以纸质打印版与电子版及时存档。

（2）所有监测数据测读完毕后应进行计算、比对，发现异常立即分析和复测，在保留原始数据的基础上对误测、误记和重测数据进行记录。日常资料整理应在每次监测后随即进行；自动化监测应实时自动整理和报警。内容包括监测原始数据的检查、异常值的分析判断、填制报表和绘制过程线以及巡视检查记录的整理等。监测数据应及时整编和分析，监测资料整理分日常资料整理与年度资料整编，整理和整编要求应按照《混凝土坝安全监测资料整编规程》（DL/T 5209）和《土石坝安全监测资料整编规程》（DL/T 5256）以及相应标准进行。年度资料整编工作应在监测年度次年 3 月底前完成。

7.4.2　大坝安全监测系统运行

7.4.2.1　观测工作

仪器观测应遵循以下原则：仪器观测应同时记录观测时段相关环境及工程形象面貌等要素。各类监测仪器中成组布置的各测点应同步观测。同部位的各类监测仪器应在同一观测时段进行观测。发现测值异常应及时复测，并与巡视检查成果比对。

变形观测应符合下列规定：根据工程特点和监测设计要求，制定变形观测实施方案。变形观测采用的仪器设备应与观测精度相匹配，使用前应进行检查、校正，并做好记录。全站仪、经纬仪、水准仪等精密测量仪器在观测前仪器温度与环境温度应趋于一致，观测中不得受到日光的直接照射。变形观测外业成果应完整记录原始数据。每期观测结束后，应及时对变形观测外业成果进行检查、验算，全部合格后进行计算处理。根据变形观测成果和现场环境条件，定期对变形观测工作基点的稳定性进行分析评判。

渗流观测应符合下列规定：根据工程地质、水文地质条件特点和监测设计要求，制定渗流观测实施方案。量水堰型式与渗流量不匹配时，应及时调整。有集水井等抽排系统的，应定期收集、记录抽排水量资料。渗水中发现有析出物等异常情况时，应及时记录；必要时取样进行渗水和析出物水质分析。

监测自动化系统数据采集应符合下列规定：监测数据宜每 3 个月进行一次备份。发现数据异常应及时进行检查、复核。定期对自动化系统的部分或全部测点进行人工比测。每次仪器观测或巡视检查后应随即对原始记录加以检查和整理，将资料录入数据库或监测信息管理系统，并及时作出初步分析。每年应进行一次监测资料整编。大坝安全监测系统运行要求详见附录 E。

7.4.2.2　监测资料综合分析

监测运行阶段应定期进行监测资料综合分析，在首次蓄水前、竣工验收前及出现异常或险情时也应进行监测资料综合分析。监测资料综合分析工作应包括下列内容：仪器观测与巡视检查成果相结合，定性与定量分析相结合；分析监测物理量的时空分布规律，以及与工程地质、水文地质、环境要素和结构特点的关系；监测数据分析宜采用比较法、作图法、特征值统计法及数学模型法。采用数学模型法分析时，应分析效应量与原因量之间的相关关系，确定效应量的时效分量的大小和变化趋势；对异常现象作出成因解释，并分析其对建筑物运行安全的影响；评价建筑物的运行性态。

7.4.2.3 安全监控

安全监控工作应通过仪器观测、巡视检查等手段，监视大坝运行性态的变化，发现大坝缺陷、隐患以及监测管理等问题时，应及时预警，为后续安全控制措施的制定提供支持。安全监控所需的信息应包括施工期和运行期监测信息、水情信息、相关工程资料和安全管理文档信息等。

对用于安全监控的监测项目，应根据理论计算、模型试验或监测资料综合分析成果，参考类似工程经验提出单测点监控指标和结构安全综合评判指标，并根据实际情况动态调整。当单测点监控指标超限时，应及时排除监测仪器和管理问题；结构安全综合评判指标超限时，应及时分析异常情况对大坝安全的影响。

在线监控系统应符合下列规定：在线监控系统应具有在线监测管理和在线安全监控等功能，实时反映监测系统的工作状况和混凝土坝的工作性态，并实时预警反馈。对特高坝或高风险坝，在线监控系统宜具备在线技术会商和快速分析功能。在线监控的监测项目测次不宜少于1次/天，遭遇大地震、大洪水、极端气温等恶劣自然条件或大坝出现异常时，应加密监控测次。在线监测管理功能宜包括监测信息远程传输、误差识别和反馈，监测系统运行情况监控，监测问题反馈，闭环管理等功能。在线安全监控功能宜具备在线信息检查、在线结构性态评判、在线安全问题管控等功能。

7.4.3 大坝安全监测系统检查与维护

应按监测系统的特点，从环境、安全、防护和功能等方面进行维护。监测系统维护应满足系统正常运行的要求，包括检查、检验、清洁、维修和保养等工作，保持各类监测设施标识完整、清晰。

监测系统检查维护包括日常检查维护、年度详查、系统综合评价和故障检查维护。日常检查维护可在现场监测时或大坝安全日常巡视检查时进行。大坝安全监测系统检查及维护内容见附录F。

监测系统的年度详查宜安排在汛前，结合水工建筑物的汛前检查进行。其内容包括检查监测测点情况，审阅上一年度监测系统运行、检查及维护记录，在水电站年度详查报告中反映监测系统运行性态，分析其是否能满足监测评价大坝安全的目的。

监测系统的综合评价应至少每五年进行一次，宜结合大坝安全定期检查进行。通过选取有资质和经验的单位对大坝安全监测系统进行全面检查、测量和率定，提出监测系统综合评价报告。报告应评价监测系统的完备性、监测设施的精度和可靠性，分析监测系统异常状态的原因，提出监测仪器设备封存、报废及监测项目停测的建议以及对安全监测系统的改进意见等。

监测数据出现异常时，应对相关的监测仪器设备进行检查。监测自动化系统采集的数据出现异常时，应对系统及时进行检查，并对相关传感器的人工测值进行比较。

对监测自动化系统，日常应对测点、监测站、监测管理站、监测管理中心站的仪器设备及其相关的电源、通信装置等进行检查。每季度对监测自动化系统进行1次检查，每年汛前应进行1次全面的检查，定期对传感器及其采集装置进行检验。

应定期对光学仪器、测量仪表、传感器等进行检验；有送检要求的仪器设备，应在检验合格的有效期内使用。监测仪器设备进行维护或更换后，应作详细记录。

7.5 闸门及启闭机金属结构管理

7.5.1 一般规定

7.5.1.1 基本要求

大坝泄洪闸门管理工作在泄洪期应实行24h现场值班制；其他时段可根据实际情况实行候班制，即白班实行现场值班制、晚班实行候班制。候班人员应能保证接到指令后30min内赶到现场。

根据具体设备特性编写厂级设备运行规程，含设备日常巡检项目、设备技术参数、运行注意事项、运行操作步骤及常见故障判断；设备维护部门应根据具体设备特性编写厂级设备维护规程，维护规程内容应包含技术参数、日常养护项目及周期、各级维护检修项目及周期和常见故障判断处理。

7.5.1.2 运维人员要求

运维人员应熟悉设备特性，掌握机械、电气及自动化相关专业知识。应经过岗位培训合格后，方可进行水工机电设备的操作维护。属特种设备（如门式起重机、桥式起重机等）的设备需持有合格有效的特种设备操作证人员方可操作。

7.5.1.3 作业要求

大、中型水电站泄洪闸门启闭运行，应由水库调度部门发出调度指令，调度指令通过调度指令单或有录音的电话下达到执行部门（或班组）。执行部门（或班组）根据下达的指令填写闸门操作单进行操作。所有操作应由两人进行，其中一人操作，一人监护。以上调度指令及操作票应指定专人（或班组、网络）保管，保管期限不少于一年。

做好管辖设备经常检查，检查中做到日常检查、定期检查、特别检查相结合。当遭遇设计地震烈度及以上地震、超设计标准洪水或发生相关事故之后，应对设备进行特别检查，特别检查需委托有相关资质单位进行检测，并出具相关设备检测报告书。特别检查内容包含闸门变形检测、腐蚀检测、无损探伤和应力检测、启闭机性能状态检测、结构振动检测、启闭力检测等。具体检测内容和要求按照《水工钢闸门和启闭机安全检测技术规程》（DL/T 835）执行。

设备维护部门应在规定的期限内，完成既定的全部维护作业，达到质量目标和标准，保证闸门、启闭机及附属设备安全、稳定运行。对存在缺陷及时处理，若短时无法处理或处理时机不成熟的应编制应急措施，并纳入下一轮检修计划。

7.5.1.4 资料管理要求

各单位运行、维护部门应加强对原始资料、日常记录、操作票及相关总结报告等的保管。资料保管要求可参照表7-1执行。

表 7-1   资料管理要求

资料名称	保管部门	保管年限	保管形式
闸门调度指令单	运行部门	1 年	生产管理系统或纸质
闸门操作票	运行部门	1 年	生产管理系统或纸质
巡检及缺陷记录	运行部门	1 年	生产管理系统或纸质
检查记录	运行部门设备维护部门	3 年	生产管理系统或纸质
特种设备操作证	运行部门	有效年限	纸质
维护检修总结	厂级归档	长期	纸质
三级质量验收	厂级归档	长期	纸质
相关检测报告	厂级归档	长期	纸质
交接班记录	运行部门	1 年	生产管理系统或纸质

7.5.2 水工机电设备检查与维护

7.5.2.1 日常检查周期及内容

（1）闸门（含拦污栅）：每月不少于一次；其中泄洪工作闸门泄洪期每天不少于一次。主要检查闸门搁置情况、闸门门体、闸门止水、平板闸门支承滑块、弧形闸门支承铰、闸门（含拦污栅）防冻装置、闸门振动情况、拦污栅压差装置等。

（2）液压启闭机及控制系统：每月不少于一次；其中泄洪闸门启闭机及控制系统主汛期每周不少于一次，泄洪期每天不少于一次。主要检查设备清洁情况、油箱液位、空气滤清器、压力阀、压力控制器、控制系统、设备紧固螺栓等。

（3）卷扬式启闭机及控制系统：每月不少于一次；其中泄洪设施汛期每周一次，泄洪期每天不少于一次。主要检查设备清洁情况、减速箱、各部分连接零件、转动部分、润滑系统、制动系统、联轴器、钢丝绳磨损情况、控制系统等。

（4）配电系统与备用电源：每周检查不少于一次。主要检查变压器及温控箱、配电自动切换装置、配电连接片、配电盘熔断器、柴油机油箱油位、冷却风扇、进油管路、回油管路等。

日常检查内容详见附录 G 中表 G.1。

7.5.2.2 定期检查周期及内容

（1）闸门（含拦污栅）：工作闸门定期检查周期应为每年汛前、汛后各一次，汛期可视情况增加检查次数。机组进水口事故快速闸门及拦污栅可结合机组大小修时检查；检修闸门定期检查周期为每年在汛前检查一次；船闸、升船机的各检修闸门应在船闸、升船机二级保养和大修前 10 天对其进行一次全面检查，以确保检修期间，各检修闸门能正常投入使用。主要检查闸门油漆涂层，吊耳，平板闸门锁定装置、门叶、梁系、支臂，平板闸门主侧滚轮，拦污栅，门槽等。

（2）液压启闭机及控制系统：非汛期为每季一次，汛期为每月一次。主要检查压力阀、压力控制器整定值、闸门开度仪、各检测开关、电动机绕组绝缘、各部位紧固螺栓、承重机架等。

（3）卷扬式启闭机及控制系统：非汛期为每季一次，汛期为每月一次。主要检查检测开关、控制柜内元器件、钢丝绳压板螺栓、钢丝绳本体、保护装置、制动器、各部位紧固螺栓、电动机绕组绝缘等。

（4）配电系统与备用电源：非汛期为每季一次，汛期为每月一次。主要检查变压器柜内端子排、蓄电池、各机械连接部位、发电机各绕组和控制回路的绝缘电阻等。

定期检查内容详见附录 G 中表 G.2。

7.5.2.3 维护周期及内容

（1）闸门（含拦污栅）：每年汛前一次。主要维护内容包括闸门和拦污栅清理、观测调整，闸门行走支承、承压滚轮、导向装置养护，闸门止水装置养护，闸门吊耳养护，平板闸门锁定装置养护，闸门（含拦污栅）防冻装置维护，拦污栅除锈、补焊、防腐等。

（2）液压启闭机及控制系统：每年汛前、汛后各一次。主要维护内容包括设备卫生清洁，设备交直流输入、输出电源测量，各接线端子紧固，继电器校验，闸门开度仪转动部分润滑，控制系统各电缆及电源电缆绝缘检查测试，电动机外壳除污、除锈刷漆液压油检验等。

（3）卷扬式启闭机及控制系统：每年汛前、汛后各一次。主要维护内容包括设备卫生清洁，过卷保护装置试验，控制系统各电缆及电源电缆绝缘检查测试，电动机外壳除污、除锈刷漆，减速箱内的润滑油更换，开式齿轮啮合间隙检查及调整等。

（4）配电系统与备用电源：每年汛前一次。主要维护内容包括继电器校验，操作开关、按钮接触情况检查，蓄电池内阻测试及蓄电池均衡充电，发电机带载启动，空气、汽（柴）油、机油滤清器清洁等。

维护内容及要求详见附录 G 中表 G.3。

8 设备管理

8.1 设备维护管理

设备维护管理指除定期检修以外的设备定期检查试验和缺陷处理，确保设备处于安全、稳定、健康运行而进行的管理工作。

8.1.1 设备定期轮换试验

8.1.1.1 一般规定

（1）设备定期轮换试验工作，是为了确保备用设备在运行设备一旦出现故障时，能可靠地投入运行，真正起到备用的目的。

（2）制定《设备定期轮换试验制度》，应包含需要轮换试验的项目，重要设备轮换试验方案。轮换试验方案主要包括试验前的准备事项、典型轮换试验步骤、试验过程的监视要点及可能出现的异常的处理措施，以规范轮换试验方法，提高轮换试验质量。

（3）设备定期轮换试验工作时必须两人进行，一人操作、一人监护，必要时应戴绝缘手套。如遇恶劣气候、操作任务较多或备用设备缺陷及异常时，可以推迟安排轮换，但应尽快补试。

（4）设备定期轮换试验工作必须遵守安全和技术要求，重要设备操作前参照方案和设备实际情况，考虑轮换试验中可能出现的异常和处理方法，并拟写操作步骤和做好必要的安全措施。若在轮换试验中出现设备异常或故障，应立即停止操作并恢复原运行方式，待处理后补试。

（5）当值内的轮换试验项目由值班长根据日常工作计划安排进行，轮换试验前应事先征得当班值长的同意。

（6）所有设备定期轮换、试验的内容应录入生产运行管理系统，发现的缺陷和异常应及时分析、汇报，并按设备缺陷管理规定进行处理。

8.1.1.2 设备定期轮换及试验周期

（1）每日应对中央信号系统进行试验，试验内容包括预告、事故音响及光字牌。同时对监控系统的音响报警进行试验。

（2）有专用收发信设备运行的电站，每天应按有关规定进行高频通道的试验。

（3）机组测绝缘：停机时间达 7 天，必须进行绝缘电阻测定。投入运行前绝缘电阻不合格的机组，遇有停机机会，即应进行绝缘测定工作。对担任调峰负荷、启动频繁的发电机定子和励磁回路绝缘电阻，每月至少应测量 1 次。

（4）设有高压油顶起装置的机组，其顶转子具体规定按照设备的厂家要求执行。

（5）户外设备熄灯检查、线路继电保护光纤通道运行情况检查每天 1 次。

（6）柴油发电机每周检查并试启动 1 次，每年带负荷试验 1 次。

（7）开关机构压力及 GIS 气室压力记录、机组滑环擦拭、海事卫星电话检查试验并记录（汛期）每周 1 次。

（8）辅助设备电动机绝缘测试、海事卫星电话检查试验并记录（非汛期）。

（9）全站各装置、系统时钟核对，防小动物设施检查，开关储气罐排污，气系统油水分离器排污，储气罐排污，微正压装置排污，消防集控系统检查，端子箱检查，机组上风洞检查，顶盖射流泵抽水试验。

（10）避雷器动作次数、泄漏电流抄录每月 1 次，雷雨后增加 1 次。

（11）强油风冷、强油水冷的变压器冷却系统，各组冷却器的工作状态（即工作、辅助、备用状态）轮换运行，通风系统的风机与工作风机轮换，主变压器冷却电源自投功能试验，厂用电备自投试验，事故照明系统试验，水淹厂房信号试验，电缆终端、廊道、电缆层中的电缆以及桥架上的电缆外观检查每季度 1 次。

（12）微机防误装置及其附属设备（计算机钥匙、锁具、电源灯）维护、除尘、逻辑校验、直流系统中的备用充电机启动试验、UPS 系统试验。

（13）水口水电站设备定期轮换与试验内容见附录 H。

8.1.2 缺陷管理

缺陷是指生产设备在运行及备用时，出现影响人身和设备安全运行或影响设备健康水平的一切异常现象。

8.1.2.1 缺陷分级

设备缺陷按其对安全运行的威胁程度和设备健康状况分为四类，即 Ⅰ 类设备缺陷、Ⅱ 类设备缺陷、Ⅲ 类设备缺陷、Ⅳ 类设备缺陷。

（1）Ⅰ 类设备缺陷：指严重程度已经危及人身或设备安全，随时可能导致事故的发生，必须立即消除或安排检修，以及采取必要的安全、技术措施的设备缺陷。

（2）Ⅱ 类设备缺陷：指缺陷比较严重，在短期内虽不会使设备发生事故或威胁人身和设备安全，但需在近期内安排消除或消除前应加强监视、跟踪的设备缺陷。

（3）Ⅲ 类设备缺陷：指设备部件伤损或缺少应有的附属装置，近期对设备安全、经济运行影响不大的，需结合计划检修、临时停运或不需停电进行处理的设备缺陷，但该类缺陷必须在规定的时间内完成。

（4）Ⅳ 类设备缺陷：指缺陷比较轻微，不影响设备的安全运行和发供电能力，且在较长时间（指一个小修周期内）不会有明显加剧或恶化的需安排停电处理的缺陷，该类缺陷经本单位批准可延期结合停电处理，但必须在设备的一个小修周期内完成。

8.1.2.2 管理要求

设备缺陷实行全员全过程的闭环管理。运行人员、检修人员以及各级专责都有责任发现、汇报设备存在的缺陷。缺陷管理要严格按缺陷处理流程进行，即发现－记录（分析、分类后）－审核（批）－汇报－处理－消除－验收。

（1）发现缺陷：运行人员在监盘、设备巡视、倒闸操作或设备定期轮换试验过程中发现的设备缺陷；各级专责在巡视设备过程中发现的设备缺陷；设备定期检查及试验过程中发现的设备缺陷；各类定期或不定期专业检查过程中发现的设备缺陷；通过其他途径发现的缺陷。

（2）缺陷记录：设备缺陷发现人应及时、规范地对所发现的缺陷进行记录，并汇报当班运行值班负责人；由当班运行值班负责人对缺陷的类型进行正确判断。缺陷发现人应对登记缺陷的正确性负责，缺陷记录要求清楚、准确、详细、明了，以便消缺人员及时判断处理。

（3）缺陷审核（批）：设备缺陷由运行部门的当班值班负责人负责审核。难以确定的缺陷由各专业专责人复核。延缓处理的设备缺陷由相应的专责人审批，Ⅰ、Ⅱ类缺陷由生技部门审批，当班运行值班负责人确认。

（4）缺陷上报：对于运行中发现威胁到设备安全运行的缺陷，值班负责人（或发现人）应按相关汇报程序规定进行汇报，并立即通知处理，检修单位按应急处理规定到达现场处理设备缺陷。

（5）缺陷处理时限：所有设备缺陷的责任消缺班组必须在1个工作日内进行受理，并提出处理意见。Ⅰ、Ⅱ类设备缺陷立即上报并组织处理，Ⅰ类设备缺陷消除时间不超过8h，Ⅱ类设备缺陷消除时间不超过24h。Ⅲ类设备缺陷的消除时间不超过2个工作日，Ⅳ类设备缺陷的消除时间不超过该设备的一个检修周期。待停役的设备缺陷，一旦设备停役应予以消除。待备品的设备缺陷，一般设备的备品应在1个月内消除，供货周期较长的国外产品，应在4个月内消除。各专业工程师对设备缺陷的审核、确认不得超过2个工作日。

（6）缺陷消除：严格按设备检修工艺规程的要求，及时消除设备缺陷并保证检修的质量。设备存在缺陷需停电而当时无条件处理的设备缺陷，必须积极采取必要的、并能保证设备安全的临时措施。对于未消除或未完全消除的设备缺陷，应加强巡查，当具备处理条件时，应及时安排处理。当设备缺陷有扩大趋势时，应立即通知相关人员进行处理，并汇报有关领导。未能消除的设备缺陷，各有关部门应负责跟踪、监督、落实，必要时生产技术管理部门可下达限期整改通知书。设备缺陷处理后，进行逐级验收，检修工作负责人应做详细的处理记录。

（7）缺陷验收：所有设备缺陷消除后，设备班组与部门应先进行验收，运行当班人员进行验收确认，Ⅰ、Ⅱ类设备缺陷还需由生技部门进行验收。

8.2　检修标准管理

8.2.1　水轮发电机检修

8.2.1.1　水轮发电机检修等级

检修等级是以机组检修规模和停用时间为原则，将机组的检修分为A、B、C、D四个等级。

A 级检修是指对发电机组进行全面的解体检查和修理,以保持、恢复或提高设备性能。

B 级检修是指针对机组某些设备存在的问题,对机组部分设备进行解体检查和修理。B 级检修可根据机组设备状态评估结果,有针对性地实施部分 A 级检修项目或定期滚动检修项目。

C 级检修是指根据设备的磨损、老化规律,由重点地对机组进行检查、评估、修理、清扫。C 级检修可进行少量零件的更换、设备的消缺、调整、预防性试验等作业以及实施部分 B 级检修项目或定期滚动检修项目。

D 级检修是指当机组总体运行状况良好,而对主要设备的附属系统和设备进行消缺。D 级检修除进行附属系统和设备的消缺外,还可根据设备状态的评估结果,安排部分 C 级检修项目。

8.2.1.2 水轮发电机检修间隔及工期

1. 检修间隔

检修间隔主要取决于设备技术状况。一般情况下,水轮发电机检修间隔参考表 8–1。

表 8–1　　　　　　　　　　　　　　检修间隔

检修等级	A 级检修	B 级检修	C 级检修
检修间隔（年）	6~10	3~6	0.5~1

根据水轮发电机的技术状况和部件的磨损、劣化、老化等规律,结合设备实际运行小时数或规定的等效运行小时数等情况可适当调整 A 级检修间隔,采用不同的检修等级组合方式,但应进行论证,并经上级主管部门批准。

新机组第一次 A/B 级检修可根据制造厂要求、合同规定以及机组的具体情况决定。若制造厂无明确规定,宜安排在正式投产后 1 年左右。

电站在无 A、B 级检修的年份,机组每年安排 1 次 C 级检修。在无 A 级检修的年份,确有 C 级检修工期内无法消除的缺陷,可安排 1 次 B 级检修。

水轮发电机的附属设备和辅助设备宜根据设备状态监测和评价结果及制造厂的要求,依据设备实际状况确定其检修等级和检修间隔。

2. 水轮发电机检修工期

各级检修项目可根据设备状况进行调整,一个 A 级检修周期内的所有标准项目都应进行检修。水轮发电机检修标准项目对应标准工期,检修工期根据非标准项目情况可进行调整,原则上不应超过相对应的最长工期。

水轮发电机标准项目检修工期参考表 8–2。若因水轮发电机更换重要部件或其他特殊需要,经上级主管部门批准,检修停用时间可适当延长。

表 8–2　　　　　　　　　　　　　　检修工期

检修等级	A 级检修	B 级检修	C 级检修
工期（天）	50~90	35~45	5~14

水轮发电机在检修过程中，如发现重大缺陷需要变更检修项目、工期、等级，应在检修工期过半之前调整，并报上级主管部门审批。

8.2.1.3 水轮发电机检修项目

水轮发电机检修项目分为标准项目和非标准项目两类。非标准项目一般是指隐患或缺陷较严重的检修项目和配合检修进行的设备改造项目。

D级检修项目主要内容是针对性消除设备和系统的缺陷，不设置标准项目。

C级检修标准项目见表8-3，非标准项目根据设备状况需要确定。

表8-3　　　　　　　　　　　　　　　　C级检修标准项目

设备/子系统	C级检修标准项目
定子	（1）定子绕组、上下端部绝缘盒、汇流排和引线检查、清扫及处理； （2）发电机气隙挡风条清扫、检查、处理；定子压紧螺栓绝缘测试、紧固检查； （3）定子绕组在线局部放电监测耦合电容器检查； （4）定子机墩焊缝、定位键、基础螺栓检查及处理； （5）上下挡风板、支架、螺栓紧固检查及处理； （6）电气预防性试验
转子	（1）发电机空气间隙检查； （2）转子制动环磨损、变形及固定情况检查； （3）转子支架焊缝及螺栓、磁轭卡件检查； （4）磁极铁芯、线圈、引线绝缘检查、处理； （5）阻尼环检查、处理； （6）磁极固定键紧固检查； （7）磁极间挡块检查、处理； （8）滑环电刷装置及引线检查、调整； （9）电气预防性试验
推力轴承	（1）推力轴承外部检查、清扫； （2）油位调整及油化验； （3）推力冷却器清扫检查、耐压试验，油滤过器清扫、检查； （4）推力油槽油位计检查； （5）推力循环油泵、电动机检查及试验
导轴承	（1）导轴承盖板、油槽、油位计检查及处理； （2）油位调整及油化验； （3）导轴承油泵、电动机检查及试验； （4）导轴承冷却器清扫检查、耐压试验； （5）除油雾装置检查、处理

设备 / 子系统	C 级检修标准项目
机架	（1）上、下机架检查及清扫； （2）上、下机架固定螺栓检查及处理； （3）上机架千斤顶及剪断销检查
机械和电气制动系统	（1）位置开关检查、调整； （2）电气制动机构动作试验、检查及处理； （3）电气制动控制回路检查、处理； （4）集尘装置及其电动机清扫、检查； （5）发电机风闸密封及渗漏情况检查； （6）闸板与制动环间隙测量，闸板检查； （7）制动系统管道、阀门检查
高压油顶起装置	（1）高压油顶起装置油滤过器清扫； （2）交、直流注油泵电动机及管路清扫、检查及试验
冷却系统	（1）管路及阀门清扫、检查； （2）空冷器外部清扫、检查
消防系统	管路、阀门清扫、检查
监测和控制系统	（1）自动化元件校验和更换； （2）控制柜、端子箱、模块清扫； （3）端子检查紧固； （4）电缆、回路接线、线槽盖板整理； （5）电缆绝缘及接地检查； （6）防火封堵检查； （7）端子、元器件、电缆标识牌核对和更新； （8）加热器检查及其温控器设定值核对； （9）盘柜照明检查； （10）继电器校验和更换； （11）高压注油泵故障自动切换功能检查

B 级检修标准项目是根据机组设备状态评价及系统的特点和运行状况，有针对性地实施部分 A 级检修项目和定期滚动检修项目，非标准项目根据设备状况确定。

A 级检修标准项目见表 8-4，非标准项目根据设备状况确定。

表 8-4   A 级检修标准项目

设备 / 子系统	A 级检修标准项目
定子	（1）定子绕组、上下端部绝缘盒、汇流排和引线检查、清扫及处理； （2）子端部接头、垫块及绑线检查、处理； （3）定子铁芯、槽楔、通风槽清扫、检查及松动处理； （4）发电机气隙挡风条清扫检查及处理； （5）定子压紧螺栓绝缘测试、紧固检查； （6）定子机墩焊缝、定位键、基础螺栓检查及处理； （7）分瓣定子合缝检查、处理； （8）齿压板检查、处理； （9）定子铁芯定位筋焊缝检查、处理； （10）上下挡风板、支架及螺栓检查及处理； （11）中心高程测量； （12）定子绕组在线局部放电监测耦合电容器检查； （13）电气预防性试验
转子	（1）发电机空气间隙测量； （2）转子圆度及磁极标高测定、调整； （3）转子制动环磨损、变形及固定情况检查； （4）转子支架焊缝及螺栓、磁轭卡件检查； （5）磁极铁芯、线圈、引线绝缘检查、处理； （6）阻尼环检查、处理； （7）磁极固定键紧固检查； （8）转子磁轭及其拉紧螺杆检查； （9）通风槽清扫、检查及处理； （10）转子中心体焊缝检查； （11）发电机磁极间支撑挡块检查、处理； （12）磁极键、磁极接头、转子风扇检查； （13）滑环电刷装置及引线检查、调整； （14）轴电流互感器检查及轴电压测量； （15）机组轴线调整； （16）转动部分动平衡试验； （17）电气预防性试验
推力轴承	（1）推力轴承镜板表面检查、处理； （2）推力油槽、瓦基座、挡油环检查、处理； （3）油位计检查； （4）推力头及卡环检查、处理； （5）推力轴承及绝缘垫清扫、检查及处理； （6）推力轴承弹簧高度测量，本体检查、处理； （7）推力瓦厚度测量，瓦面处理； （8）推力冷却器清扫、检查及耐压试验；

设备／子系统	A 级检修标准项目
推力轴承	（9）油、水管路滤过器清扫、检查及耐压试验； （10）推力轴承绝缘测试； （11）推力循环油泵解体检查，电动机检查、试验； （12）除油雾装置清扫、检查； （13）油位调整及油化验
导轴承	（1）导轴承瓦间隙测量、调整； （2）导轴承检查、处理，导瓦支架检查； （3）导轴承绝缘测试； （4）油、水管路清扫及耐压试验； （5）导轴承油槽清扫、检查，油槽回装后渗漏试验； （6）导轴承油泵、电动机检查及试验； （7）导轴承冷却器清扫、检查及耐压试验； （8）油位调整及油化验
机架	（1）上下机架水平、中心测量及调整； （2）上下机架焊缝检查； （3）上下机架固定螺栓及销钉检查、处理； （4）上机架千斤顶调整及剪断销检查
机械和电气制动系统	（1）制动器闸板与制动环间隙测量、调整； （2）制动器分解、检修及耐压试验； （3）电气制动操动机构调整； （4）电气制动刀闸动静触头更换调整； （5）制动闸板检查及处理； （6）位置开关调整； （7）除粉尘装置检查清扫
高压油顶起装置	（1）高压油顶起装置油滤过器清扫； （2）交、直流注油泵电动机及管路清扫、检查及试验
冷却系统	（1）空冷器分解、清扫、检查、防腐处理及耐压试验； （2）空冷器管路、阀门检查及处理
消防系统	（1）管路、阀门清扫及检查； （2）温感、烟感、控制装置检查、清扫及测试； （3）系统整体功能测试
监测和控制系统	（1）自动化元件、热工电测表计校验或更换； （2）控制柜、端子箱、模块清扫； （3）端子紧固； （4）电缆、回路接线、线槽盖板整理； （5）电缆绝缘及接地检查；

设备/子系统	A级检修标准项目
监测和控制系统	（6）防火封堵检查； （7）端子、元器件、电缆标识牌核对和更新； （8）加热器检查及其温控器设定值核对； （9）盘柜照明检查； （10）继电器校验或更换； （11）控制回路模拟动作试验； （12）高压注油泵故障自动切换功能测试

8.2.1.4 水轮发电机检修后试运行

机组启动试验方案应按规定编制和审批。不同类型的机组启动试验方案可参照有关的试验规程编制。

机组启动试验应统一指挥。在试运行期间，检修人员和运行人员应分别检查设备的技术状况和运行工况，发现异常，及时分析，消除缺陷，做好记录。

试运行结束后，向调度机构报告，正式交付系统运行。

8.2.2 变压器检修

8.2.2.1 变压器检修等级

按工作性质内容和工作涉及范围，将检修工作分为A类检修、B类检修、C类检修、D类检修共四类检修。其中A、B、C类检修为停电检修，D类检修为不停电检修。检修工期为实际检修用时。A类检修是指变压器本体的整体性检查、维修、更换和试验。B类检修是指变压器局部性的检修，部件的解体检查、维修、更换和试验。C类检修是指常规性检查、维修和试验。D类检修是对变压器（电抗器）在不停电状态下进行的带电测试、外观检查和维修。

8.2.2.2 检修周期和工期

检修周期和工期见表8-5。

表8-5　　　　　　　　　　　　检修周期和工期

检修类别	设备状态	周期	工期	备注
D类检修	正常状态	适时安排	—	不停电状态
	注意状态			
	异常状态			
	严重状态			

续表

检修类别	设备状态	周期	工期	备注
C类检修	正常状态	基准周期3年延长1.5年，最多5.5年并结合例行试验安排	3天	C类检修之前，可根据实际需要适当安排D类检修。临时结合其他原因停役进行技术反措落实、安全检查整改和设备消缺等工作
	注意状态	单项状态量扣分导致评价结果为"注意状态"时，不大于3年		在C类检修之前，可以根据实际需要适当加强D类检修
		多项状态量合计扣分导致评价结果为"注意状态"时，3年		
B类检修	严重状态	尽快安排	视情况而定	实施停电检修前应加强D类检修
	异常状态	适时安排		
A类检修	严重状态	尽快安排	14天	实施停电检修前应加强D类检修
	异常状态	适时安排		

8.2.2.3　变压器检修项目

变压器检修项目见表8-6。

表8-6　　　　　　　　　　　变压器检修项目

检修类别	检修项目
D类检修	（1）带电测试（在线和离线）； （2）维修、保养； （3）带电水冲洗； （4）检修人员专业检查巡视； （5）冷却系统部件更换（可带电进行时）； （6）其他不停电的部件更换处理工作
C类检修	（1）例行试验、诊断性试验，按Q/FJG 10093—2008《输变电设备状态检修试验规程实施细则》； （2）清扫、检查、维修

检修类别	检修项目
B 类检修	（1）油箱外部主要部件更换：套管或升高座、储油柜、调压开关、冷却系统、非电量保护装置、绝缘油、其他； （2）主要部件处理：套管或升高座、储油柜、调压开关、冷却系统、绝缘油、其他； （3）现场干燥处理； （4）停电时的其他部件或局部缺陷检查、处理、更换工作； （5）相关试验
A 类检修	（1）吊罩、吊芯检查； （2）本体油箱及内部部件的检查、改造、更换、维修； （3）返厂检修； （4）相关试验

8.2.2.4 变压器检修策略

其中变压器 A 类检修分为现场大修和返厂大修。现场大修指在停电状态下对变压器本体排油、吊罩（吊芯）或进入油箱内部进行检修以及对主要组/部件进行阶梯检修。变压器返厂大修指将事故（故障）或存在缺陷的变压器运到工厂进行的故障排查、原因分析、修复、例行试验等工作。

1. 现场大修

运行中的变压器，应根据状态监测及评估结果，并充分考虑机组的检修周期、停电检修等级和检修停用时间，进行变压器大修。变压器大修周期一般应在 10 年以上，不超过 20 年。也可采取以下方式：运行中的变压器承受出口短路后，经综合诊断分析，可考虑大修；箱沿焊接的变压器或制造厂另有规定者，若经过试验与检查并结合运行情况，判定有内部故障或本体严重渗漏油时，可进行大修；发现变压器出现异常状况或经试验判明有内部故障时，应进行大修；设计或制造中存在共性缺陷的变压器可进行针对性大修。

2. 返厂大修

运行中的变压器满足下列条件之一时，宜进行返厂大修：

（1）变压器遭受出口或近区短路后，进行绕组变形判别试验，与该变压器出厂试验值（或上一次检修试验数据）不符，存在较大偏差；变压器现场吊芯检查，发现绕组围屏、绝缘垫块、引线等出现异常，或油箱内部发现明显来自绕组导线的铜珠、绝缘纸屑等异物，现场无法修复。

（2）存在绕组抗短路能力严重不足、产品设计缺陷造成内部过热故障并导致绝缘过度老化等，评估其故障可给电网运行安全造成影响的变压器，应将变压器返厂大修或做翻新改造处置。

（3）运行 20 年以上的变压器，基于绝缘油的糠醛、酸值、介质损耗、界面张力、游离碳等性能检测，或直接进行绝缘材料取样进行聚合度、固体材料含税率等检测，可结合变压器历史运行工况及油色谱数据，对已确认绝缘过度老化的变压器制定返厂大修的计划。

（4）变压器现场局部放电检测结果超标，且局部放电定位后发现故障点无法在现场处置的变压器。

（5）铁芯、夹件或对地放电检测结果超标、现场安装限流电阻后仍无法减轻或消除故障现象的变压器，现场吊芯未能查到故障点或故障点现场无法修复，且评估故障部位已影响到变压器运行安全时，宜返厂大修。

（6）对于冷却方式改造的变压器，可基于原变压器的设计信息、运行工况及缺陷、预期改造后变压器的使用寿命以及可承担过负荷能力等因素，综合评估后选择现场维修或返厂大修。

（7）变压器当前的损耗、噪声、温升等参数或额定容量、额定电压及联结组别、本体结构等已不满足现行国家标准、环保法规或使用工况要求时，可选择返厂大修。

（8）现场突发恶性事故，已导致绕组烧毁的变压器。

（9）变压器发生事故（故障）或存在缺陷，在现场难以处理时，可运到工厂进行故障排查、原因分析、修复、例行试验等工作。

8.2.2.5 主变压器检修后试运行

（1）中性点直接接地系统的变压器在进行冲击合闸时中性点应接地，应消除变压器中剩磁，套管末屏应接地。

（2）气体继电器的重瓦斯应投跳闸。

（3）额定电压下的冲击合闸应无异常，励磁涌流不致引起保护装置的误动作。

（4）受电后变压器应无异常情况。

（5）检查变压器及冷却装置所有焊缝和接合面，不应有渗油现象，变压器无异常振动或放电声。

（6）跟踪分析比较试运行前后变压器油的色谱数据，应无明显变化。

（7）试运行时间，一般不少于24h。

8.3 设备安全隐患分级和管理

8.3.1 设备安全隐患分级

水电站设备安全隐患根据可能造成的事件后果，分为重大事故隐患（Ⅰ级重大事故隐患、Ⅱ级重大事故隐患合称）、一般事故隐患和安全事件隐患。

Ⅰ级重大事故隐患指可能造成一至二级人身、电网或设备事件及可能造成水电站大坝溃决事件后果的安全隐患。

Ⅱ级重大事故隐患指可能造成三至四级人身或电网事件；三级设备事件或四级设备事件中造成100万元以上直接经济损失的设备事件，或造成水电站大坝漫坝、结构物或边坡垮塌、泄洪设施或挡水结构不能正常运行事件后果的安全隐患。

一般事故隐患指可能造成五至八级人身事件；其他四级设备事件，五至七级电网或设备事件后果的安全隐患。

安全事件隐患指可能造成八级电网或设备事件后果的安全隐患。

8.3.2　设备安全隐患管理

按照"排查（发现）–评估–报告–治理（控制）–验收–销号"的流程形成闭环管理，重大事故隐患应在发现后24h内、一般事故隐患应在发现后5天内完成评估；重大事故隐患应在发现后3天之内核定，一般事故隐患应在发现后7天之内核定。设备安全隐患整改治理完成后，组织对安全事件隐患治理结果进行验收。设备安全隐患治理结果验收应在提出申请后10天内完成。未能按期消除的隐患，经重新评估仍确定为隐患的须重新制定治理方案，重新编号进行整改。

8.4　定值管理

（1）水电设备定值的整定计算或确定，应符合国家（行业）相关技术规程、标准规定及厂家技术资料的要求。

（2）定值的调整和更改应按定值通知单的要求执行。定值通知单应经水电站运维部门校核，生产技术部门审核，主管领导批准。

（3）每年应发布现行有效的设备定值清单，运行部门应保存齐全的设备定值台账电子版一份及纸质材料一套，并由专人负责保管。

（4）涉网设备定值应按照电网调度机构下达的定值单执行。

（5）定期检查或校验设备的参数、定值，重要的电气、机械保护定值每年应至少检查或检验一次。

8.5　特种设备管理

特种设备是指涉及生命安全、危险性较大的压力容器（含气瓶）、压力管道、电梯、起重机械和场（厂）内专用机动车辆。

8.5.1　特种设备作业人员

特种设备作业人员是指压力容器（含气瓶）、压力管道、电梯、起重机械和场（厂）内专用机动车辆等特种设备作业人员及其相关管理人员的统称。

特种设备作业人员应按照国家有关规定，经特种设备安全监督管理部门考核合格，取得统一格式的特种作业人员证书，方可从事相应的作业或管理工作。特种设备作业人员证应按期复审。

特种设备使用单位应聘用合格的特种设备作业人员从事相应工作，建立健全特种设备作业人员台账。特种设备使用单位应对特种设备作业人员进行特种设备安全教育和培训，保证特种设备作业人员具备必要的特种设备安全知识和作业技能。离岗 6 个月以上的特种设备作业人员，应进行实际操作考核，并经确认合格后方可重新上岗作业。

8.5.2 特种设备使用管理

（1）特种设备的使用、检查、试验等，应严格执行国家和行业有关安全生产的法律、行政法规的规定，使用符合安全技术规范要求的特种设备，并保证特种设备的安全使用。

（2）特种设备使用单位应按照相关法律、法规、规章和安全技术规范要求，建立健全特种设备使用安全节能管理制度。

（3）特种设备使用单位应当根据所使用设备运行特点等，制定操作规程。操作规程一般包括设备运行参数、操作程序和方法、维护保养要求、安全注意事项、巡回检查和异常情况处置规定、相应记录等内容。

（4）特种设备使用单位应建立特种设备安全技术档案。

（5）特种设备使用单位应在特种设备投入使用前或投入使用后 30 日内，向当地负责特种设备安全监督管理的部门办理使用登记，取得使用登记证书，并在取得证书后的 10 个工作日内将特种设备基本信息录入特种设备管理台账。登记标志应置于该特种设备的显著位置。

（6）特种设备使用单位应根据设备特点和使用环境、场所，设置安全使用说明、安全注意事项和安全警示标志，并置于易于引起人员注意的位置。

（7）特种设备使用单位应确保特种设备使用环境符合有关规定，特种设备的使用应具有规定的安全距离、安全防护措施。与特种设备安全相关的建筑物、附属设施，应符合有关法律、行政法规的规定。

（8）特种设备使用单位应对特种设备进行经常性日常维护保养，电梯应至少每 15 日进行一次清洁、润滑、调整和检查，其他特种设备应至少每月进行一次自行检查，并做好记录。检查项目、内容以及维护保养应符合有关安全技术规范和产品使用维护保养说明的要求。法律对维护保养单位有专门资质要求的，特种设备使用单位应当选择相应资质的单位实施维护保养。

（9）特种设备使用单位应对在用特种设备的安全附件、安全保护装置、测量调控装置及有关附属仪器仪表进行定期校验、检修，并做好记录。

（10）特种设备安全管理人员应对特种设备使用状况进行经常性检查，发现问题应立即处理；情况紧急时，可以决定停止使用特种设备并及时报告本单位有关负责人。

（11）复杂程度高、危险系数大的特种设备作业项目，工作票签发人或工作负责人应组织开展现场勘察，编制操作方案和安全措施，并经本单位批准后，方可进行作业。

（12）特种设备在运行变电站、临近带电线路等风险较高的区域作业时，应提前进行安全风险评估，保持安全距离，采取隔离防护措施，将特种设备可靠接地，并增设专责监护人对特种设备作业进行全过程监护。

（13）特种设备出现故障或发生异常情况，特种设备使用单位应对其进行全面检查，消除事故隐患，方可继续使用。

（14）特种设备需要变更使用单位，原使用单位或产权单位应到原登记机关办理变更；新使用单位应在投入使用前或投入使用后 30 日内，向移装地登记机关重新申请使用登记。

8.6　设备异动管理

（1）加强水电设备异动管理，在水电设备设计结构、型式、性能、参数、连接方式等需要永久性变动、改进或更新时必须履行设备异动审批程序。涉网设备的异动按照电网调度机构的要求执行。

（2）设备异动手续应采用一对一方式，一份异动申请对应一个设备，对不同设备的相同异动，应使用多份异动申请。设备异动申请内容应包括异动描述、异动计划时间、异动原因、异动方案，异动前后的对比图纸文档。

（3）水电站运维班组根据生产实际和各类反事故措施要求，提出异动申请，经批准后执行。现场异动实施完成后，应进行异动验收，必要时应进行相关试验。

（4）异动验收完成后，应在 15 天内完成图纸修改及相关异动资料归档，并根据异动竣工资料，完成台账、规程等相关内容的修改。

8.7　设备标识管理

（1）在水电设备适当位置设置设备标识（含盘柜标识、管道标识、相位标识等），标识的名称图例、设置规范、设置范围和地点等应符合安全设施标准要求。

（2）将设备标识纳入日常运维管理，发现设备标识缺损、错位等情况应及时处理。

（3）操作设备应具有明显的标志，包括命名、编号、分合指示、旋转方向、介质流向、切换位置及设备相色等。

（4）设备标识应安装牢固、位置合理，与带电部分的安全距离应满足《安规》规定。并不影响对设备的巡视检查和检修。警告类标识牌设置应醒目，确能起到警示作用。

9 应急管理

9.1 应急预案管理

9.1.1 预案编制

水电站管理单位应按照"横向到边、纵向到底、上下对应、内外衔接"的要求建立应急预案体系。应急预案体系由总体应急预案、专项应急预案、部门应急预案和现场处置方案构成。

总体应急预案是为应对各种突发事件而制定的综合性工作方案，是管理单位应对突发事件的总体工作程序、措施和应急预案体系的总纲，应包括应急预案体系、危险源分析、组织机构及职责、预防与预警、应急响应、信息报告与发布、后期处置、应急保障等内容。

专项应急预案是为应对某一种或者多种类型突发事件（突发事件分为自然灾害类、事故灾难类、公共卫生类、社会安全类四类），或者针对重要设施设备、重大危险源而制定的专项性工作方案，应包括事件类型和危害程度分析、应急指挥机构及职责、信息报告、应急响应程序和处置措施等内容。

部门应急预案是有关部门根据总体应急预案、专项应急预案和部门职责，为应对本部门突发事件，或者针对重要目标物保护、重大活动保障、应急资源保障等涉及部门工作而预先制定的工作方案，应包括信息报告、响应分级、指挥权移交等内容。

现场处置方案是针对特定的场所、设备设施、岗位，针对典型的突发事件，制定的处置措施和主要流程，应包括应急组织及职责、应急处置和注意事项等内容。

总体应急预案由应急管理归口部门组织编制；专项应急预案、部门应急预案和现场处置方案由相应职能部门组织编制。在突发事件应急预案的基础上，根据工作场所和岗位特点，编制简明、实用、有效的应急处置卡。应急处置卡应当规定重点岗位、人员的应急处置程序和措施，以及相关联络人员和联系方式，便于从业人员携带。

9.1.2 评审发布

总体应急预案的评审由应急管理归口部门组织；专项应急预案、部门应急预案和现场处置方案的评审由预案编制责任部门负责组织。

总体应急预案、专项应急预案、部门应急预案以及涉及多个部门、单位职责，处置程序复杂、技术要求高的现场处置方案编制完成后，必须组织评审。应急预案修订后，若有重大修改的应重新组织评审。

总体应急预案的评审应邀请上级主管单位参加。涉及网厂协调和社会联动的应急预案，参加应急预案评审的人员应包括应急预案涉及的政府部门、国家能源局及其派出机构和其他相关单位的专家。

应急预案评审采取会议评审形式。评审会议由业务分管领导或其委托人主持，参加人员包括评审专家组成员、评审组织部门及应急预案编写组成员。评审意见应形成书面意见，评审专家按照"谁评审、谁签字、谁负责"的原则在评审意见上签字，并由评审组织部门存档。

总体应急预案和专项应急预案经评审、修改，符合要求后，由单位主要负责人（或分管领导）签署发布；部门应急预案由本部门主要负责人签署发布；现场处置方案由现场负责人签署发布。

应急预案发布时，应统一进行编号。编号采用英文字母和数字相结合，应包含编制单位、预案类别、顺序编号和修编次数等信息，并及时发放到有关部门、岗位和相关应急救援队伍。

9.1.3 预案备案

（1）按照以下规定做好内部应急预案备案工作。

1）备案对象：由应急管理归口部门负责向直接主管上级单位报备；

2）备案内容：总体、专项、部门应急预案的文本，现场处置方案的目录；

3）备案形式：正式文件；

4）备案时间：应急预案发布后 20 个工作日内；

5）审查要求：受理备案单位的应急管理归口部门应当对预案报备进行审查，符合要求后，予以备案登记。

（2）按政府有关部门的要求和以下规定做好外部备案。

1）安全应急办按要求将本单位自然灾害、事故灾难类突发事件应急预案报所在地的省、自治区、直辖市或者设区的市级人民政府电力运行主管部门、国家能源局派出机构备案，并抄送同级安全生产监督管理部门。

2）地震地质、防汛、设备设施损坏、消防等专项事件应急处置领导小组办公室按要求将负责的专项预案报地方政府专业主管部门备案。

3）应急管理归口部门负责监督、指导各专业部门做好应急预案备案工作。

4）各单位可通过生产安全事故应急救援信息系统办理生产安全事故类应急预案备案手续，报送应急救援预案演练情况；并依法向社会公布，但依法需要保密的除外。

9.1.4 预案修订

应急预案每三年至少修订一次，有下列情形之一的，应进行修订。

（1）本单位生产规模发生较大变化或进行重大技术改造的。

（2）本单位隶属关系或管理模式发生变化的。

（3）周围环境发生变化、形成重大危险源的。

（4）应急组织指挥体系或者职责发生变化的。

（5）依据的法律、法规和标准发生变化的。

（6）重要应急资源发生重大变化的。

（7）应急处置和演练评估报告提出整改要求的。

（8）政府有关部门提出要求的。

9.2　应急自启动管理

9.2.1　工作原则

（1）以人为本，减少危害。在应对突发事件时，切实履行社会责任，把保障人民群众和员工的生命财产安全作为首要任务，最大程度减少突发事件及其造成的人员伤亡和各类危害。

（2）居安思危，预防为主。坚持"安全第一、预防为主、综合治理"的方针，树立常备不懈的观念，增强忧患意识，防患于未然，预防与应急相结合，做好应对突发事件的各项准备工作。

（3）快速反应，协同应对。建立健全"上下联动"快速响应机制，加强与政府的沟通协作，整合内外部应急资源，协同开展突发事件处置工作。

（4）依靠科技，提高能力。加强突发事件预防、处置科学技术研究和开发，采用先进的监测预警和应急技术装备，充分发挥专家队伍和专业人员的作用，加强宣传和培训，提高员工自救、互救和应对突发事件的综合能力。

9.2.2　应急准备

水电站规划、设计、建设和运行过程中，应充分考虑自然灾害等各类突发事件影响，持续加强日常维护，使之满足防灾抗灾要求，符合国家预防和处置自然灾害等突发事件的需要。

建立健全突发事件风险评估、隐患排查治理常态机制，掌握各类风险隐患情况，落实防范和处置措施，减少突发事件发生，减轻或消除突发事件影响。

应研究建立与地方政府有关部门、相关企事业、社会团体间的协作支援，协同开展突发事件处置工作。与当地气象、水利、地震、地质、交通、消防、公安等政府专业部门建立信息沟通机制，共享信息，提高预警和处置的科学性，并与地方政府、社会机构、电网企业、电力用户建立应急沟通与协调机制。

定期开展应急能力评估活动，应急能力评估宜由专业评估机构或专业人员按照既定评估标准，运用核实、考问、推演、分析等方法，客观、科学地评估应急能力的状况、存在的问题，有针对性开展应急体系建设。

加强应急抢修救援队伍、应急专家队伍的建设与管理。配备先进的装备和充足的物资，定期组织培训演练，提高应急能力。

加大应急培训和科普宣教力度，针对所属应急救援队伍和应急抢修队伍，定期开展不同层面的应急理论、专业知识、技能、身体素质和心理素质等培训。应急救援人员经培训合格后，方可参加应急救援工作。应结合实际经常向应急从业人员进行应急教育和培训，保证从业人员具备必要的应急知识，掌握风险防范技能和事故应急措施。

按应急预案要求定期组织开展应急演练，每三年至少组织一次大型综合应急演练，每半年至少开展一次专项应急预案演练，且三年内各专项应急预案至少演练一次；每半年至少开展一次现场处置方案应急演练，且三年内各现场处置方案至少演练一次，演练可采用桌面推演、实战演练等多种形式。

涉及储存易燃易爆物品、危险化学品等危险物品的单位，应当至少每半年组织一次生产安全事故应急预案演练，并将演练情况报送所在地县级以上地方人民政府负有安全生产监督管理职责的部门。

开展重大舆情预警研判工作，完善舆情监测与危机处置联动机制，加强信息披露、新闻报道的组织协调，深化与主流媒体合作，营造良好舆论环境。

加强应急工作计划管理，按时编制、上报年度工作计划；上级单位下达的年度应急工作计划相关内容及电站年度工作计划均应纳入本单位年度综合计划，认真实施，严格考核。

9.2.3 监测与预警

及时汇总分析突发事件风险，对发生突发事件的可能性及其可能造成的影响进行分析、评估，并不断完善突发事件监测网络功能，及时获取和快速报送相关信息。

完善应急值班制度，按照部门职责分工，成立重要活动、重要会议、重大稳定事件、重大安全事件处理、重要信息报告、重大新闻宣传、办公场所服务保障和网络安全处理等应急值班小组，负责重要节假日或重要时期24h值班，确保通信联络畅通，收集整理、分析研判、报送反馈和及时处置重大事项相关信息。

突发事件发生后，应及时向上一级行政值班机构和专业部门报告，情况紧急时可越级上报。根据突发事件影响程度，依据相关要求报告当地政府有关部门。突发事件信息报告包括即时报告、后续报告，报告方式有电子邮件、传真、电话、短信等。

建立健全突发事件预警制度，依据突发事件的紧急程度、发展态势和可能造成的危害，及时发布预警信息。预警分为一、二、三、四级，分别用红色、橙色、黄色和蓝色标示，一级为最高级别。各类突发事件预警级别的划分，由相关职能部门在专项应急预案中确定。

接到预警信息后，应当按照应急预案要求，采取有效措施做好防御工作，监测事件发展态势，避免、减轻或消除突发事件可能造成的损害。根据事态的发展，应适时调整预警级别并重新发布。有事实证明突发事件不可能发生或者危险已经解除，应立即发布预警解除信息，终止已采取的有关措施。

9.2.4 应急处置与救援

发生突发事件，首先要做好先期处置，立即启动生产安全事故应急救援预案，采取下列一项或者多项应急救援措施，并根据相关规定，及时向上级和所在地人民政府及有关部门报告。

迅速控制危险源，组织营救受伤被困人员，采取必要措施防止危害扩大；调整电站运行方式，合理进行恢复送电。遇有电网瓦解极端情况时，应立即按照黑启动方案进行恢复工作；根据事故危害程度，组织现场人员撤离或者采取可能的应急措施后撤离；及时通知可能受到影响的单位和人员；采取必要措施，防止事故危害扩大和次生、衍生灾害发生；根据需要请求应急救援协调联动单位参加抢险救援，并向参加抢险救援的应急队伍提供相关技术资料、信息、现场处置方案和处置方法；维护事故现场秩序，保护事故现场和相关证据；对因电站有关问题引发的或主体是本单位员工的社会安全事件，要迅速派出负责人赶赴现场开展劝解、疏导工作；法律法规、国家有关制度标准、公司相关预案及规章制度规定的其他应急救援措施。

根据突发事件性质、级别，需启动相应级别应急响应措施，组织开展突发事件应急处置与救援。不能消除或有效控制突发事件引起的严重危害时，应在采取处置措施的同时，启动应急救援协调联动机制，及时协调支援，根据需要，请求地方政府启动社会应急机制，组织开展应急救援与处置工作。

在应急救援和抢险过程中，发现可能直接危及应急救援人员生命安全的紧急情况时，应当立即采取相应措施消除隐患，降低或者化解风险，必要时可以暂时撤离应急救援人员。

积极开展突发事件舆情分析和引导工作，按照有关要求，及时披露突发事件事态发展、应急处置和救援工作的信息。

根据事态发展变化，应调整突发事件响应级别。突发事件得到有效控制，危害消除后，应解除应急指令，宣布结束应急状态。

9.2.5 信息报送管理

9.2.5.1 报告程序

（1）预警期内，定时向相关专业部门报告专业信息，向应急办报送综合信息。

1）自然灾害、事故灾难类的信息由安全应急办汇总后提供给办公室。办公室负责编制综合信息专报并向上级单位定时报告。其他各相关部门根据办公室的信息专报等，视情况对口向上级相关职能部门报告专业信息。

2）公共卫生、社会安全类的信息由办公室负责编制综合信息专报并向上级单位定时报告。公司其他各相关部门根据办公室的信息专报等，视情况对口向上级相关职能部门报告专业信息。

（2）应急响应期间定时向应急办或者突发事件处置牵头负责部门报告综合信息。

1）自然灾害、事故灾难类突发事件信息由安全应急办汇总后提供给办公室，办公室负责编制信息专报并经公司应急领导小组批准后，定时向上级单位报告。其他各相关部门根据办公室的信息专报等，视情况对口向上级相关职能部门报告专业信息。

2）公共卫生、社会安全类突发事件信息由办公室负责编制信息专报并经公司应急领导小组批准后，定时向上级单位报告。其他各相关部门根据办公室的信息专报等，视情况对口向上级相关职能部门报告专业信息。

9.2.5.2 报告内容

预警阶段包括突发事件发生的时间、地点、性质、影响范围、趋势预测和已采取的措施及效果等。

响应阶段包括突发事件发生的时间、地点、性质、影响范围、严重程度、已采取的措施等，并根据事态发展和处置情况及时续报动态信息。

9.3 应急培训和演练

9.3.1 应急培训

将应急预案培训作为应急管理培训的重要内容，对与应急预案实施密切相关的管理人员和作业人员等组织开展应急预案培训。

结合安全生产和应急管理工作组织应急预案演练，以不断检验和完善应急预案，提高应急管理水平和应急处置能力。

制定年度应急演练和培训计划，并将其列入年度培训计划。每三年至少组织一次总体应急预案的培训和演练，每半年至少开展一次专项应急预案培训和演练，且三年内各专项应急预案至少培训和演练一次；每半年至少开展一次现场处置方案培训和演练，且三年内各现场处置方案至少培训演练一次。

9.3.2 应急演练

应急演练按目的可分为检验性演练、示范性演练和研究性演练。检验性演练是指为检验应急预案的可行性、应急准备的充分性、应急机制的协调性及相关人员的应急处置能力而组织的演练。示范性演练是指为向观摩人员、受邀嘉宾等展示应急能力或提供示范教学，严格按照应急预案规定开展的表演性演练。研究性演练是指为研究和解决突发事件应急处置的重点、难点问题，试验新方案、新技术、新装备而组织的演练。

应急演练按演练内容可分为单项演练和综合演练。单项演练是指只涉及应急预案中特定应急响应功能或现场处置方案中一系列应急响应功能的演练活动。注重针对一个或少数几个参与单位（岗位）的特定环节和功能进行检验。其中，单项演练以参演人员不同的角色和层级分为指挥层演练、执行层演练、操作层演练以及辅助层演练。综合演练是指涉及应急预案中多项或全部应急响应功能的演练活动。注重对多个环节和功能进行检验，特别是对不同单位之间应急机制和联合应对能力的检验。

应急演练按形式可分为桌面推演和实战演练。桌面推演是指参演人员利用地图、沙盘、流程图、计算机模拟、视频会议等辅助手段，针对事先假定的演练情景，讨论和推演应急决策及现场处置的过程，从而促进相关人员掌握应急预案中所规定的职责和程序，提高指挥决策和协同配合能力。实战演练是指参演人员利用应急处置涉及的设备和物资，针对事先设置的突发事件情景及其后续的发展情景，通过实际决策、行动和操作，完成真实应急响应的过程，从而检验和提高相关人员的临场组织指挥、队伍调动、应急处置技能和后勤保障等应急能力。

应急演练按是否为参演人员提供脚本可分为有脚本演练和无脚本演练。有脚本演练指演练前为参演人员编制好演练脚本，演练时参演人员根据脚本与演练流程，按照应急预案规定的职责和程序开展应急响应行动的一种方式，主要适用于示范性应急演练活动。无脚本演练指不向参演人员提供演练脚本，不预先告知演练时间、地点、内容等信息，参演人员针对模拟情景，根据应急资源和应急预案、职责分工开展应急处置的演练形式。演练前需编制演练导演调度方案或总控脚本，并对演练规则进行简要培训。无脚本演练可分无脚本桌面推演和无脚本实战演练。

应急演练可综合运用多种类型与方法，可以根据实际需要采用桌面推演＋实战演练相结合以及多个专项预案相结合等多种形式组合的方式。

在开展应急预案演练前，应制定演练方案，明确演练目的、参演人员范围及任务、演练时间地点及方式、演练科目及情景设计、安全措施、保障措施、评估方法等。演练方案经批准后实施。

演练应结合实际有针对性地开展演练情景设计，重点针对安全事件历史案例、季节性事故特点、安全生产薄弱环节以及突发事件发生后可能引发的供电服务、新闻舆情、社会稳定等延伸事件开展极端条件下的事故预想，科学、细致构建演练情景，确保应急演练取得实效。

演练实施过程中出现下列情况，应按照事先规定的程序和指令终止演练：出现真实突发事件，需要参演人员参与应急处置时，要终止演练，使参演人员迅速回归其工作岗位，履行应急处置职责；出现特殊或意外情况，短时间内不能妥善处理或解决时，可提前终止演练。

9.3.3 评估与改进

演练结束后，由评估专家、参演人员、导演调度人员等在演练现场有针对性地进行讲评和总结，提出建议和措施，并明确负责部门、人员、工作进度等进行闭环管控。主要内容包括：

（1）演练开展的整体情况和效果。

（2）演练组织情况、参演人员表现以及应急装备设施情况。

（3）各演练程序的实施情况。

（4）演练中发现的问题，对应急预案、应急准备、应急机制、应急措施提出建议和措施，并明确负责部门、人员、工作进度等进行闭环管控。

专项应急预案演练结束后10个工作日内开展演练评估，调取查阅演练准备过程文档资料、现场文字和音视频记录、现场点评结果、应急预案等材料，对演练进行系统和全面的总结，对演练准备、方案、组织、实施、效果等进行全过程评估，形成演练评估报告。演练评估报告的内容包括演练基本情况和特点、演练主要收获和经验、暴露问题和原因分析、经验和教训、改进工作建议等。

要阶段性收集、汇总各层级演练中发现的问题，形成应急演练评估分析报告，制定整改提升计划，实现问题的闭环管控。

10 技术监督管理

10.1 基本原则

技术监督是指在规划可研、工程设计、设备采购、设备制造、设备验收、设备安装、设备调试、竣工验收、运维检修、退役报废等全过程中，采用有效的检测、试验、抽查和核查资料等手段，监督公司有关技术标准和预防设备事故措施在各阶段的执行落实情况，分析评价电力设备健康状况、运行风险和安全水平，并反馈到发展、基建、运检、营销、科技、信通、物资、调度等部门，以确保电力设备安全、可靠、经济运行。

技术监督工作以提升设备全过程精益化管理水平为中心，在专业技术监督基础上，以设备为对象，依据技术标准和预防事故措施并充分考虑实际情况，采用检测、试验、抽查和核查资料等多种手段，全过程、全方位、全覆盖地开展监督工作。

技术监督工作实行统一制度、统一标准、统一流程、依法监督和分级管理的原则，坚持技术监督管理与技术监督执行分开、技术监督与技术服务分开、技术监督与日常设备管理分开，坚持技术监督工作独立开展。

技术监督工作必须落实完善的组织保障、制度保障、技术保障、信息保障和装备保障机制。

10.2 组织机构及职责

10.2.1 组织机构

成立由生产分管领导或总工程师任组长的技术监督领导小组，作为技术监督工作的领导机构。

技术监督领导小组下设技术监督办公室，在技术监督领导小组的领导下负责技术监督日常管理工作。

10.2.2 职责

10.2.2.1 技术监督领导小组

（1）贯彻落实国家、行业技术监督方针政策、法律法规、规程规定、制度标准等。

（2）批准年度技术监督计划，落实技术监督专项费用。

（3）审批技术监督工作考核评比结果。

（4）协调解决技术监督工作中的重大问题。

10.2.2.2　技术监督办公室

（1）归口管理技术监督工作。

（2）指导技术监督组织体系建设和日常管理。

（3）建立并完善办公室工作机制，协调相关部门开展全过程技术监督。

（4）组织制定技术监督工作规划与年度计划（含专项费用）。

（5）组织技术监督管理相关宣贯培训。

（6）审批、发布技术监督告（预）警单。

（7）对各部门技术监督工作开展情况提出考评意见，报领导小组审批。

（8）组织召开半年度、年度技术监督工作会议。

（9）建立健全技术监督专家管理机制，组建并维护技术监督专家库。

10.2.2.3　一级技术监督专责人

（1）建立、健全本专业的规章制度和技术档案。对本专业的设备技术档案（包括其设计制造、安装调试、检修试验、运行、技术改造等）进行审核检查，对技术档案的及时性、规范性、准确性、完整性负责。

（2）负责审核二级技术监督专责人的月度、技术报表及各项技术总结，按照要求负责对外报表、总结等的编写，经审核审批后负责上报。

（3）及时了解本专业技术监督缺陷，督促及时消缺。及时发布技术监督工作告（预）警单及收回反馈单。

（4）上报技术监督工作年度总结，包括本年度技术监督完成情况以及各种指标统计。在主设备检修计划批准后三周内，上报下一年度本专业技术监督计划（可以结合反事故措施计划一并编制）。

（5）经常深入现场，及时掌握设备情况，组织复杂或重大问题专题分析。

（6）负责收齐本专业的相关标准、规程、制度及上级部门的相关会议纪要、通知等文件，并在生产管理信息系统实现信息共享。

（7）负责组织本专业的相关人员的规程考试，提出并落实人员培训计划。

（8）组织参加相关专业会议，并及时向相关人员汇报会议情况，传达会议精神。

（9）组织本专业的事故分析会，提出防范和整改的措施。

（10）按照状态检修相关规定要求，组织开展状态检修技术监督工作。

（11）负责组织落实上级监督部门的监督要求和下达整改计划。

10.2.2.4　二级技术监督专责人

（1）具体负责技术监督相关标准的贯彻落实，不断完善对技术监督范围、内容的有效延伸，协调解决实施中出现的有关问题。

（2）督促管辖范围内本专业的相关班组，对每台设备均应建立包括其设计制造、安装调试、检修试验、运行、技术改造的技术档案。档案、资料要及时、规范、准确、完整。

（3）技术监督专责人每月填写技术监督月报，月报内容主要是技术监督工作情况、技术监督计划完成情况、反事故措施完成情况，并对设备一般以上缺陷应详细报告缺陷现象、过程、原因、技术分析和采取的措施。

（4）每天了解本专业技术监督缺陷，督促及时消缺。

（5）按照一级技术监督专责人的要求，及时完成本专业技术监督工作年度总结，包括本年度技术监督完成情况以及各种指标统计。在主设备检修计划批准后两周内，上报下一年度本专业技术监督计划。

（6）经常深入现场，及时掌握设备情况，并认真执行技术监督逐级报告、签字验收和责任处理制度。

（7）负责编制本专业的"两措"（安全措施和反事故措施）计划并组织实施，编写本专业的专项技术监督检查及自评报告。

（8）参加相关专业会议，并及时向一级技术监督专责人及相关人员汇报会议情况，传达会议精神。

（9）全过程参加本专业设备的技术改造。全过程参加本专业的事故分析会，提出防范和整改的措施。

（10）按照状态检修相关规定要求，开展状态检修技术监督工作。

（11）负责组织每月一次的本专业技术监督网成员会议。

（12）负责审核有关试验、检定报表，并做好分析工作，督促试验、定检中发现的设备缺陷的处理。

（13）参加有关工程的设计审查、施工监督、竣工验收以及设备的试验、鉴定工作；完善技术监督检测手段，合理配置仪器设备，确保监测准确、可靠。

（14）开展技术革新和新技术的推广应用。负责制定本技术监督（含预试、定检）的工作计划及本专业的反事故措施，并督促实施。技术监督工作实行动态管理的制度。要根据科技进步、电网发展以及新技术、新设备应用情况，按年度对技术监督工作的内容、范围、方式、标准、手段进行补充、完善、细化，提高专业技术监督工作的水平和能力，做到对各类设备的有效、及时监督。

（15）做好技术监督工作的预警管理。在全过程、全方位开展技术监督工作的基础上，针对上级的技术监督预警书，组织本专业落实检查，并结合对设备的运行指标分析、评估、评价，针对技术监督工作过程中发现的具有趋势性、苗头性、普遍性的问题及时提出整改要求。

（16）做好技术监督跟踪管理。对在技术监督过程中发现设备存在的严重缺陷、隐患，应及时向一级技术监督专责人报告，要求相关专业加强对设备的巡视、试验。全程跟踪设备消缺、检修、改造等整改过程，对整改全过程实施有效的监督，保证设备缺陷的及时消除和设备健康水平的恢复。

（17）按时填报各项技术监督统计报表，报表格式规范化；建立相应的技术档案，认真做好各项技术监督的年度工作总结。负责向一级技术监督专责人报送技术监督相关报表，对每一项具体技术监督工作都应形成技术监督报告。技术监督报告应包括技术监督项目、工作时间、地点、应用指标标准、实际检测结果、存在的问题及原因分析、措施与建议、监督结论等内容，并由工作负责人和执行单位签字、盖章，按规定格式和时间如实上报。

10.3　工作要求

（1）技术监督应贯穿规划可研、工程设计、设备采购、设备制造、设备验收、设备安装、设备调试、竣工验收、运维检修、退役报废等全过程，在电能质量、电气设备性能、化学、电测、金属、热工、继电保护及安全自动装置、自动化、信息通信、节能、环境保护、水机、水工、土建等各个专业方面，对电力设备（电网输电、变电、配电主要一、二次设备，发电设备，自动化、信息通信设备等）的健康水平和安全、质量、经济运行方面的重要参数、性能和指标，以及生产活动过程进行监督、检查、调整及考核评价。

（2）技术监督应坚持"公平、公正、公开、独立"的工作原则，按全过程、闭环管理方式开展工作。

（3）技术监督工作应以技术标准和预防事故措施为依据，对当年所有新投运工程开展全过程技术监督，选取一定比例对已投运工程开展运维检修阶段的技术监督，对设备质量进行抽检，有重点、有针对性地开展专项技术监督工作，后一阶段应对前一阶段开展闭环监督。抽查和抽检也可委托第三方进行。

（4）技术监督工作应建立开放性的长效机制，建立由现场经验丰富、理论知识扎实、责任心强的人员组成的技术监督专家库，为技术监督工作提供技术支撑。

（5）技术监督办公室结合生产实际和年度重点工作，组织制定年度工作计划（可以结合反事故措施计划一并制定），经领导小组审核批准后，在当年12月底前下达各有关单位和部门执行。各相关部门应于当年11月底前向技术监督办公室提交下年度工作计划，年度计划中要明确工作项目、重点监督内容、实施时间、责任人以及责任单位。

10.4　五项制度

技术监督工作应建立动态管理、预警和跟踪、告警和跟踪、报告、例会五项制度。

10.4.1　动态管理制度

技术监督办公室根据科技进步、电网发展以及新技术、新设备应用情况，按年度对技术监督工作的内容、方式、手段进行拓展和完善，提高各专业技术监督工作的水平，做到对各类设备的有效、及时监督。

10.4.2　预警和跟踪制度

技术监督办公室在全过程、全方位开展技术监督工作的基础上，结合对设备的运行指标分析、评估、评价，针对技术监督工作过程中发现的具有趋势性、苗头性、普遍性的问题及时发布技术监督工作预警单，并跟踪整改落实情况。预警单发布后10个工作日内，相关部门向技术监督办公室提交反馈单。

10.4.3　告警和跟踪制度

技术监督办公室在监督中发现设备存在严重缺陷或隐患、技术标准或反事故措施执行存在重大偏差等严重问题，应及时发布技术监督工作告警单，并跟踪整改落实情况。告警单发布后5个工作日内，相关部门向技术监督办公室提交反馈单。

10.4.4　报告制度

实行月报、半年报和年报制度。技术监督专责人每月填写技术监督月报，内容主要是技术监督工作情况、技术监督计划完成情况、反事故措施完成情况，并对设备异常以上缺陷应详细报告缺陷现象、过程、原因、技术分析和采取的措施。专项技术监督工作应形成专项技术监督报告，由工作负责人和执行单位签字盖章，在监督结束后一周内上报技术监督办公室。

10.4.5　例会制度

技术监督办公室结合每月安全生产协调会或根据具体情况专项组织召开由办公室成员参加的季度例会、由三级网成员参加的半年例会和年度例会，听取各相关部门工作开展情况汇报，协调解决工作中的具体问题，提出下阶段工作计划。必要时临时召集相关会议。

10.5　评估与考核

评估技术监督工作应健全评估机制，对工作内容、方式、标准、过程及结果进行检查和评估，及时发现并纠正工作中存在的问题。

技术监督领导小组、技术监督管理专责对各专业技术监督人、三级技术监督网成员、技术监督责任部门、班组在执行技术监督情况进行考核。

各专业技术监督因工作失职或措施不当，造成危急缺陷的；对使用不合格的检定器具，未按周期检定、试验或管理不善，造成危急缺陷的；技术监督人员违反有关反事故措施、技术标准和相关规范，出具错误或假的数据，擅自减少监督项目或降低标准，造成事故或严重后果的；反事故措施、技术标准和相关规范未落实或落实不到位，造成类似事故重复发生者的，按绩效考核等同于设备重要责任人进行考核。

10.6　各阶段工作内容

10.6.1　规划可研阶段

规划可研阶段是指工程设计前进行的可研及可研报告审查工作阶段。本阶段技术监督工作由生产部门组织技术监督实施单位监督并评价规划可研工作是否满足国家、行业和公司有关可研规划标准、设备选型标准、预防事故措施、差异化设计、环保等要求。一级技术监督专责人将规划可研阶段的技术监督工作计划和信息及时录入管理系统。

10.6.2　工程设计阶段

工程设计阶段是指工程核准或可研批复后进行工程设计的工作阶段。本阶段技术监督工作由生产部门组织技术监督实施单位监督并评价工程设计工作是否满足国家、行业和公司有关工程设计标准、设备选型标准、预防事故措施、差异化设计、环保等要求，对不符合要求的出具技术监督告（预）警单。一级技术监督专责人将工程设计阶段的技术监督工作计划和信息及时录入管理系统。

10.6.3　设备采购阶段

设备采购阶段是指根据设备招标合同及技术规范书进行设备采购的工作阶段。本阶段技术监督工作由各级物资部门组织技术监督实施单位监督并评价设备招、评标环节所选设备是否符合安全可靠、技术先进、运行稳定、高性价比的原则，对明令停止供货（或停止使用）、不满足预防事故措施、未经鉴定、未经入网检测或入网检测不合格的产品以技术监督告（预）警单形式提出书面禁用意见。物资部门应组织专业人员将设备采购阶段的技术监督工作计划和信息及时录入管理系统。

10.6.4　设备制造阶段

设备制造阶段是指在设备完成招标采购后，在相应厂家进行设备制造的工作阶段。本阶段技术监督工作由物资部门组织技术监督实施单位监督并评价设备制造过程中订货合同和有关技术标准的执行情况，必要时可派监督人员到制造厂采取过程见证、部件抽测、试验复测等方式开展专项技术监督，对不符合要求的出具技术监督告（预）警单。物资部门应组织专业人员将设备制造阶段的技术监督工作计划和信息及时录入管理系统。

10.6.5　设备验收阶段

设备验收阶段是指设备在制造厂完成生产后，在现场安装前进行验收的工作阶段，包括出厂验收和现场验收。本阶段技术监督工作由物资部门组织技术监督实施单位在出厂验收阶段监督并评价设备制造工艺、装置性能、检测报告等是否满足订货合同、设计图纸、相关标准和招投标文件要求；在现场验收阶段，监督并评价设备供货单与供货合同及实物一致性，对不符合要求的出具技术监督告（预）警单。物资部门应组织专业人员将设备验收阶段的技术监督工作计划和信息及时录入管理系统。

10.6.6　设备安装阶段

设备安装阶段是指设备在完成验收工作后，在现场进行安装的工作阶段。本阶段技术监督工作由各级生产部门组织技术监督实施单位监督并评价安装单位及人员资质、工艺控制资料、安装过程是否符合相关规定，对重要工艺环节开展安装质量抽检，对不符合要求的出具技术监督告（预）警单。一级技术监督专责人将设备安装阶段的技术监督工作计划和信息及时录入管理系统。

10.6.7　设备调试阶段

设备调试阶段是指设备完成安装后，进行调试的工作阶段。本阶段技术监督工作由各级生产部门组织技术监督实施单位监督并评价调试方案、参数设置、试验成果、重要记录、调试仪器设备、调试人员是否满足相关标准和预防事故措施的要求，对不符合要求的出具技术监督告（预）警单。一级技术监督专责人将设备调试阶段的技术监督工作计划和信息及时录入管理系统。

10.6.8　竣工验收阶段

竣工验收阶段是指输变电工程项目竣工后，检验工程项目是否符合规划设计及设备安装质量要求的阶段。本阶段技术监督工作由各级生产部门组织技术监督实施单位对前期各阶段技术监督发现问题的整改落实情况进行监督检查和评价，运检部门参与竣工验收阶段中设备交接验收的技术监督工作，对不符合要求的出具技术监督告（预）警单。一级技术监督专责人将竣工验收阶段的技术监督工作计划和信息及时录入管理系统。生产部门负责组织人员在"全过程技术监督精益管理系统"中录入《设备交接验收报告》，该项工作作为工程启动的必要条件。

10.6.9　运维检修阶段

运维检修阶段是指设备运行期间，对设备进行运维检修的工作阶段。本阶段技术监督工作由各级生产部门组织技术监督实施单位监督并评价设备状态信息收集、状态评价、检修策略制定、检修计划编制、检修实施和绩效评价等工作中相关技术标准和预防事故措施的执行情况，对不符合要求的出具技术监督告（预）警单。一级技术监督专责人将运维检修阶段的技术监督工作计划和信息及时录入管理系统。

10.6.10　退役报废阶段

退役报废阶段是指设备完成使用寿命后，退出运行的工作阶段。本阶段技术监督工作由生产部门组织技术监督实施单位监督并评价设备退役报废处理过程中相关技术标准和预防事故措施的执行情况，对不符合要求的出具技术监督告（预）警单。一级技术监督专责人将退役报废阶段的技术监督工作计划和信息及时录入管理系统。

10.7 各专业工作内容

10.7.1 电能质量与节能监督电网频率和电压质量

（1）电网频率质量包括频率允许偏差，频率合格率；电压质量包括电压允许偏差、允许波动和闪变、电压暂升和暂降、短时间中断、三相电压允许不平衡度和正弦波形畸变率等。

（2）输电线路及变电设备电能损耗。

10.7.2 电气设备性能监督

（1）电气设备的绝缘强度（包括外绝缘防污闪）、通流能力、过电压保护及接地系统，包括对变压器、组合电器、断路器、隔离开关、互感器、避雷器、站内输电线路、电力电缆、接地装置、蓄电池、发电机、电动机、封闭母线和开关柜等电气设备的技术监督。

（2）电气设备性能监督设立发电机、绝缘及过电压、变压器类设备、高压开关专业监督专责，协助做好电气设备性能技术监督工作。

（3）发电机监督：对发电机及辅助设备的运行参数、运行环境、运行工况，发电机及辅助设备检修工艺、检修质量进行的技术监督工作。

（4）绝缘及过电压监督：电气设备的绝缘试验监督及防止绝缘加速老化和损坏的监督工作，电气设备状态各项指标综合分析和监督。负责对绝缘子、电气设备外绝缘、地理信息等，避雷器、消弧线圈、接地系统和其他过电压保护装置开展具体的监督工作。

（5）变压器类设备监督：对变压器类设备运行环境、检修质量进行监督；对变压器类设备绝缘、温升、油色谱数据、绕阻变形及抗短路能力等数据、变压器非电量保护进行监督。负责对变压器、互感器开展具体的监督工作。

（6）高压开关监督：高压开关设备运行环境、检修质量，开关本体、操动机构的性能、防误性能、SF_6气体绝缘开关的检漏等技术监督。负责对断路器、隔离开关、组合电器开展具体的监督工作。

10.7.3 化学监督

水、油、气品质，化学仪器仪表，电气设备的化学腐蚀。

10.7.4 计量、电测及热工监督

（1）计量监督：宣传、贯彻计量法规，建立公司计量标准体系和量值溯源体系，对各种电测、热工、长度等标准仪表、装置进行统一管理监督；管理计量检测数据，协调公司内部的计量异议。

（2）电测监督：各类电测量仪表、装置、变换设备及回路计量性能，及其量值传递和溯源；电能计量装置计量性能；电测量计量标准；各类用电信息采集终端；上述设备

电磁兼容性能。

（3）热工监督：各类温度、压力、液位、流量测量仪表、装置、变换设备及回路计量性能，及其量值传递和溯源；热工计量标准。

10.7.5　金属监督

电气设备的金属线材、金属部件、电瓷部件、压力容器和承压管道及部件、蒸汽管道、高速转动部件的材质、组织和性能变化分析、安全和寿命评估；焊接材料、胶接材料、焊缝、胶接面的质量，部件、焊缝、胶接面和材料的无损检验。

10.7.6　环境保护监督

输变电系统噪声、工频电场、工频磁场、合成电场、六氟化硫气体、废水、废油、固体废弃物和环境保护设施。

10.7.7　保护与控制系统监督

电力系统继电保护和安全自动装置及其投入率、动作正确率。

10.7.8　自动化监督

（1）自动化系统的性能、运行指标等，包括电力调度自动化系统，厂、站综合自动化系统等。

（2）发电机组励磁系统、辅助控制系统、调速系统的控制范围、特性、功能。

（3）发变电设备、辅助设备、通航及泄洪设备自动化专业管理，直流系统控制专业管理，水力发电机组励磁系统、辅助控制系统、调速系统的控制范围、特性、功能；监控系统、在线监测系统、状态检修、火灾报警系统及其他自动检测和调节系统调试投运、定期校验及其投入率、动作正确率的考核。

10.7.9　信息监督

信息系统在架构、标准、功能、性能、安全、运行、应用等方面的指标和要求，具体包括信息机房和基础设施、网络设备、主机设备、数据库、中间件、安全设备、存储设备、基础平台、业务应用、安全监控系统、监控管理系统等设备、设施和系统。

10.7.10　通信监督

（1）通信设备在设计、安装调试、运行等方面的要求，具体包括通信机房和基础设施、光传输设备、电源设备、通信光缆等。

（2）为电力调度、水库调度、继电保护、安全自动装置、远动、计算机通信、生产管理等提供多种信息通道并进行信息交换等的技术监督管理。

10.7.11 水机监督

水电厂水轮发电机组、水轮机控制系统及油压装置、水机自动化。

10.7.12 水工监督

（1）水工建筑物（含升船机、船闸、泄水建筑物、大坝、厂房、输水隧洞等）、水库、库岸和工程边坡、水工金属结构、大坝安全监测、水情水调以及防汛安全。

（2）站内配电装置下部土建基础、上部土建构架，各种设备土建基础，变压器土建基础，控制楼下部结构、上部结构，其他附属及辅助建筑结构及基础，站内线路土建架构及基础，电缆沟道、隧道，站内道路，给排水设施、地基处理、线路杆塔土建基础等。

附 录 A
（资料性附录）

水力发电企业防汛检查表

表 A.1 水力发电企业防汛检查表

检查项目	是否满足要求	存在问题及处理措施
1. 组织体系与责任制		
1.1 防汛领导小组、防汛办公室、抗洪抢险队		
1.2 防汛任务、当年防汛工作目标和计划		
1.3 明确与落实各级防汛工作岗位责任制		
2. 防汛规章制度		
2.1 上级有关部门的防汛文件		
2.2 防汛领导小组、防汛办公室及抗洪抢险队等的工作制度		
2.3 汛前检查与消缺管理制度		
2.4 汛期值班、巡视、联系、通报、汇报制度		
2.5 灾情和损失统计与报告制度		
2.6 汛期通信管理制度		
2.7 防汛物资管理制度		
2.8 防汛工作奖惩办法		
2.9 五规五制（五规是指水务管理规程、水工观测规程、水工机械运行检修规程、水工维护规程、水工作业安全规程。五制是指岗位责任制、现场安全检查制、大坝检查评级制、报讯制、年度防汛总结制。）		
2.10 修编或确认防汛工作手册		
3. 防汛预案及度汛措施		
3.1 水库防洪度汛方案		
3.2 设计洪水调度方案		
3.3 实时洪水预报调度方案		
3.4 常规水电站泄洪雾化影响防御方案		
3.5 水文与气象短、中、长预报方案		

检查项目	是否满足要求	存在问题及处理措施
3.6 水库高水位时加密观测与巡视方案		
3.7 水情自动测报系统方案及其备用方案		
3.8 Ⅲ类水工建筑物汛期运行事故预想及其险情处置方案		
3.9 保坝电源备用方案		
3.10 超标洪水防洪调度预案		
3.11 防御水淹厂房预案		
3.12 进厂及上坝公路中断应急预案		
3.13 局地暴雨、支沟洪水、泥石流、滑坡、台风等突发性灾害的防御预案		
3.14 全厂防汛图		
3.15 防汛组织网络图		
3.16 流域梯级水库联合防洪度汛方案		
4. 水库上下游调查		
4.1 上游塌岸、滑坡、库区围垦、堰塞体、水利工程及其他不利于水库安全运行的情况调查		
4.2 水库下游主河道行洪能力变化情况		
5. 大坝及其他水工建筑物		
5.1 现场检查		
5.2 大坝安全监测资料整编分析		
5.3 大坝安全隐患整改		
5.4 水工建筑物评级及Ⅲ类建筑物汛期运行事故预想与险情处置方案		
5.5 水工建筑物修复工程的安全度汛措施的落实		
6. 泄洪设施		
6.1 所有泄洪、消能设施已进行汛前检查与维护		
6.2 所有泄洪设施已有独立、可靠的保安电源		
6.3 泄洪设施经测试启闭正常		
7. 测报、报汛和通信设施		

检查项目	是否满足要求	存在问题及处理措施
7.1 通信设施和通信检查、维护与调试		
7.2 签订水文、气象服务合同		
7.3 水文气象观测设备、水情自动测报系统和水库调度自动化系统检查、维护与调试		
7.4 报汛备用通道通畅		
8. 汛前完成发输电设备检修、预试工作，满足稳发、满发要求		
9. 汛前自查、上级检查发现的问题及整改情况		
10. 防汛物资与后勤保障		
10.1 防汛抢险物资和设备储备充足、安全可靠，台账明晰，专项保管		
10.2 防汛交通、通信工具应确保处于完好状态		
10.3 有必要的生活物资和医药储备		
11. 与地方防汛协调		
11.1 接受有管辖权的政府防汛部门的调度指挥，落实政府的防汛部署，积极向有关部门汇报防汛问题		
11.2 加强与气象、水文部门的联系，掌握气象和水情信息		
11.3 建立水库调度室与政府防汛部门及上下游的联系		
12. 改造或扩建工程		
12.1 成立由业主负责的联合防汛指挥部，明确业主、设计、施工和监理等相关单位的防汛责任		
12.2 落实设计提出的度汛方案，并向有管辖权的防洪调度机构汇报，协调流域调洪		
13. 生活办公设施防汛能力		
13.1 生活办公区排水设施		
13.2 低洼地的防水淹措施和人员安置方案		
14. 其他		
防汛检查总评价		

检查负责人（签名）：_____   检查时间：_____

附 录 B
（资料性附录）

防汛抢险物资储备定额

表 B.1   防汛抢险物资储备定额

序号	名称	参考规格型号	单位	数量	存放地点
一、抢险物料					
1	防洪布质专用沙袋		个		
2	编织袋		个		
3	编织布（彩条布）		kg		
4	塑料布		kg		
5	尼龙绳（细编）	$\phi 20$，长 50m	条		
6	尼龙绳（细编）	$\phi 10$，长 50m	条		
7	安全网	网目 80mm×80mm，4m×6m（长 × 宽）	张		
8	铁铲		把		
9	锄头		把		
10	洋镐		把		
11	土箕（塑料或橡胶）		个		
12	竹扫把		把		
13	毛扫把		把		
14	拖把		把		
15	手套		双		
16	毛巾		条		
17	口罩		个		
18	铝水桶		个		
19	破布		包		

序号	名称	参考规格型号	单位	数量	存放地点
20	铁丝	12 号	kg		
21	铁丝	14 号	kg		
22	铁丝	16 号	kg		
23	榔头	8 磅	支		
24	组合电工工具	48 件套	套		
25	管子钳	6 寸、8 寸	把		
26	套筒扳手	32 件套	套		
27	备用沙、黄土		m^3		
			m^3		
			m^3		
28	柴油		L		
29	尾水进（排）风塔挡板		块		
30	主变压器检修间挡板		块		
31	交通洞口挡板		块		
二、救生器材					
1	救生衣		件		
2	救生圈	740mm×440mm×102mm	个		
3	雨衣	号码 M、L、XL	套		
4	雨鞋	号码：39、40、41、42、43	双		
5	交通船		艘		
三、小型抢险机具					
1	潜水泵	功率30kW，扬程40m，ϕ100，配防冻全塑水带长30m	台		
2	防冻全塑水带	ϕ100，长30m	条		
3	手推斗车（无内胎）		辆		
			辆		
4	强光泛光工作灯	强光泛光工作灯	盏		

续表

序号	名称	参考规格型号	单位	数量	存放地点
5	电缆盘	3×2.5，长50m，30m	个		
6		3×2.5+1.0，长100m	个		
7	充电强光手电筒	手提式防爆探照灯	支		
说明：抢险物资使用区域：××电站生产区域。					

附 录 C
（资料性附录）

水工建筑物检查内容及日常维护要求

表 C.1 水工建筑物检查内容表

检查部位	检查内容
挡水建筑物	（1）坝基与坝肩检查应包括以下内容：两岸坝肩区有无裂缝、滑坡、不均匀沉降、渗漏，有无溶蚀和管涌；下游坝趾有无集中渗漏、渗水量变化及渗水水质情况，有无管涌，有无沉陷，坝基有无冲刷、淘刷；坝体与岸坡岩体结合处有无错动、脱离，有无渗水；基础防渗排水设施的工况是否正常，有无溶蚀，渗漏水量、水质和析出物有无变化，扬压力是否超限；结构裂缝、渗漏情况，伸缩缝错动，基础岩石有无挤压、松动、鼓出、错动。 （2）混凝土坝体检查应包括下列内容：相邻坝段之间有无错动；伸缩缝开合和止水工作情况是否正常；各类止水设施是否完整无损、渗漏量变化情况。伸缩缝充填物有无老化脱落。坝顶、上下游坝面、宽缝、廊道有无裂缝，裂缝有无渗漏和溶蚀情况；混凝土有无渗漏、溶蚀、侵蚀和冻害等情况；坝体排水孔的工作状态是否正常，渗漏水量和水质有无明显变化。 （3）土石坝坝体检查应包括下列内容：坝顶有无沉陷、裂缝；上下游坝坡护面有无破坏，有无滑坡、裂缝，有无鼓胀或者凹凸、沉陷，有无冲刷、堆积，有无植物生长和动物洞穴；下游面及坝趾区有无集中渗水点、湿斑、下陷区，渗水颜色、浑浊度、管涌情况；下游排水反滤系统有无堵塞或者排水不畅，化学沉淀物、水质情况，排水、渗水量变化情况，测压管水位变化情况；土石坝与混凝土结构物或者其他建筑物的接头、界面工作状况。 （4）面板堆石坝检查应包括以下内容：坝顶有无沉陷、裂缝，上游防渗混凝土面板（含沥青混凝土面板）有无隆起、塌陷，有无剥落、掉块、疏松，有无裂缝、挤压、错动、冻融、渗漏，止水有无断裂、剥落、老化的现象；下游坝面有无滑坡、开裂，有无塌陷、隆起，渗水点、湿斑情况，植物生长和动物洞穴情况；坝趾及周边的出水点、湿斑、集中渗漏情况，植物异常生长以及冲刷情况；下游排水反滤系统排水是否通畅，排水量变化情况，水质情况，坝身测压管水位情况等。 （5）导流洞、施工支洞等各类封堵堵头是否存在裂缝、渗水、析钙等情况
输水建筑物	（1）进（出）水口有无淤堵，结构有无裂缝及损伤，控制建筑物及进水口拦污设施状况、水流流态是否良好。 （2）输水建筑物各部位（进水塔、引水竖/斜井、压力前池、调压井、挡墙、引水和输水隧洞洞身等）有无变形、衬砌破损、裂缝、渗漏、溶蚀、磨损、空蚀、碳化、钢筋锈蚀和冻害等情况；伸缩缝开合和止水情况是否正常。 （3）溢流、排水设施和冲沙孔是否完好。

检查部位	检查内容
输水建筑物	（4）镇墩、支墩、混凝土压力管道是否稳定，有无变形、裂缝、渗水和析钙等现象；压力钢管表面防腐涂层是否完好，焊缝是否完好；压力管道伸缩节有无变形、渗漏等现象。 （5）渠道、渡槽内有无泥沙淤积；渠道、渡槽表面有无冲蚀、衬砌损坏，渠道是否存在渗漏现象。 （6）隧洞放空后，隧洞内是否有杂物，沉沙池有无淤积
泄水建筑物	（1）溢洪道、泄水洞的闸墩、胸墙、溢流面、侧墙、边壁、洞身有无裂缝和损伤；闸门槽二期混凝土有无裂缝、渗水和淘空。 （2）消能设施有无磨损冲蚀、淘刷和淤积情况。 （3）下游河床及岸坡有无冲刷和淤积情况。 （4）水流流态是否正常
过坝建筑物	（1）过坝通航建筑物有无异常变形、裂缝、渗漏、溶蚀、磨损、空蚀、碳化和钢筋锈蚀等现象。 （2）闸室、筏道、斜坡道、输（排）水廊道有无异常变形、裂缝和渗漏；伸缩缝和排水管（孔）是否完好；各门槽混凝土有无淘蚀、破损。 （3）闸首门槽（门库）、闸室、输水廊道、承船厢以及上下游引航道等是否存在淤积。 （4）船闸和升船机附属设施（系船柱）有无缺损松动、严重磨损、变形、裂纹等
厂房	（1）厂房整体结构有无异常变形、不均匀沉陷、墙体裂缝等情况。 （2）机墩和尾水管等有无裂缝、渗漏等情况。 （3）梁、柱、板受力结构有无错位、裂缝、碳化和钢筋锈蚀情况。 （4）屋顶、墙面有无渗漏和损坏情况，内顶抹面有无空鼓和脱落情况。 （5）尾水渠有无淤积和冻害，出口边坡有无冲刷、滑坡、裂缝和渗漏等。 （6）厂区排水设施（排水廊道、排水沟、排水孔）是否正常。 （7）地下厂房洞室围岩是否稳定，是否存在掉块、裂缝等情况。 （8）主副厂房的伸缩缝有无异常变形，止水是否完好，有无渗漏水现象
水库	（1）水库的检查应包括下列内容：库岸稳定性；渗漏、地下水位波动值；冒泡现象；库面漂浮物情况、来源及程度。 （2）库区的检查应包括下列内容：滑坡以及崩塌等地质灾害情况；附近地区渗水坑、地槽；库周水土保持和围垦情况；库周公路及建筑物是否存在沉降、裂缝；矿山资源及地下水开采情况；与大坝在同一地质构造上的其他建筑物的反应。 （3）库盆（水库低水位时或放空时）的检查应包括下列内容：结构缝或施工缝情况、表面塌陷情况、渗水坑情况、原地面剥蚀情况、淤积情况

检查部位	检查内容
水下部分	（1）水下检查内容应包括水工建筑物及其边坡的水下部分，查看是否存在损坏部位以及周边障碍、淤积等；检查前，应明确水下检查重点部位，提出具体检查方案；检查可采用潜水、水下摄影、水下电视和水上仪器探测等方式；检查后应及时整理资料、绘制成图、编辑照片或录像、提出水下检查报告；根据检查结果，分析损坏原因，并判断是否修补。 （2）水下地形测量包括水库淤积测量和大坝下游河道的水下地形测量。水下地形测量工作完成后应及时整理测量数据，绘制地形图和典型纵、横剖面图；所绘制的图形应结合水工建筑物一起绘制。 （3）水下检查和水下地形测量工作应定期进行。水下检查和水库淤积测量、大坝下游河道全断面测量工作宜结合大坝定检工作开展；若遭遇水电站历史最大洪水或重现期为二十年一遇以上的洪水时，应在泄水完成后，及时进行溢流面、消能设施及下游导墙等过洪表面及基础的水下检查以及下游冲坑测量工作。但坝前断面淤积测量以及多泥沙河流汛期闸门前的泥沙淤积断面监测宜每年进行；坝前淤积测量断面应选取固定的河道横断面，坝前固定测量横断面应不少于两个
其他设施	（1）工程边坡岩体有无裂缝、滑动、隆起、塌陷、卸荷张裂等变形失稳现象。 （2）上坝公路和进厂公路的路面情况、路基及上方边坡稳定情况、排水沟有无堵塞或不畅的情况；桥梁的地基情况、支承结构情况、桥墩冲刷、混凝土破坏、桥面情况。 （3）工作桥和交通桥有无不均匀沉降、裂缝、碳化和钢筋锈蚀等情况。 （4）开关站边坡是否稳定、基础是否存在不均匀沉降、变电构架是否存在裂缝、析钙及变形等。 （5）排水设施是否保持完整、通畅。排水设施包括坝面、廊道及其他表面的排水沟、孔，坝体、基础、溢洪道边墙及底板的排水孔，集水井、集水廊道等。 （6）坝肩和输、泄水道的岸坡，以及进（出）水口、输水洞进（出）口边坡等，是否稳定，是否存在危及安全的裂缝、渗水、崩塌或掉块等现象；周边排水沟孔是否存在淤堵情况。库岸边坡有无危及水库安全的大体积滑坡体。 （7）地下洞室围岩是否完整，是否存在边壁岩体掉块脱落情况、围岩渗水情况，周边排水量是否异常，排水是否通畅。 （8）弃渣场有无塌陷、裂缝、滑动；挡渣坝（墙）是否完整，排水设施是否完好

表 C.2　　　　　　　　　　　水工建筑物日常维护要求表

维护项目	维护要求
混凝土建筑物维护	（1）保持坝面、防浪墙完整，局部如果有缺陷、松动及磨损，应及时修补。 （2）易受冰压损坏的部位，可采用人工、机械破冰或安装风、水管吹风，喷水扰动等防护措施。冰冻期注意排干积水、降低地下水位，减压排水孔应清淤、保持畅通；溢流面、迎水面水位变化区出现的剥蚀或裂缝应及时修补；易受冻融损坏的部位可采用物料覆盖保温或采取涂料涂层防护；防止闸门漏水，避免发生冰拔和冻融损坏。在结构承载力允许时可采用加重法减小冻拔损坏。

维护项目	维护要求
混凝土建筑物维护	（3）混凝土表面剥蚀、磨损、冲刷、风化等类型的轻微缺陷，宜采用水泥沙浆、细石混凝土或环氧类材料等及时进行修补。 （4）混凝土建筑物出现裂缝、渗漏或异常位移时，应查明原因，分析研究其性质及危害程度，再进行修复处理。混凝土裂缝宽度大于钢筋混凝土结构允许的最大裂缝宽度时，应进行裂缝修补；裂缝宽度不大于钢筋混凝土结构允许的最大裂缝宽度时，可根据裂缝规模、外观要求等决定是否进行修补。处理措施可采取外部填补加固、灌浆、锚固等一种或多种措施。 （5）混凝土坝坝基透水性增大或扬压力增高，影响安全时，要及时采取截渗、延长渗径或加强排水等措施。 （6）对碳化可能引起钢筋锈蚀的混凝土表面采用涂料涂层全面封闭防护；碳化引起钢筋锈蚀破坏应立即修补，并采用涂料涂层封闭防护。 （7）伸缩缝各类止水设施应完整、无损，无异常渗漏；对于损坏的止水设施应进行修复。 （8）排水设施应保持完整、通畅。坝面、廊道及其他工程表面的排水沟、孔应经常进行人工或机械清理。坝体、基础、溢洪道边墙及底板、地下洞室、护坡等的排水孔应经常进行人工掏挖或机械疏通，疏通时不应损坏孔底反滤层。无法疏通的，应在附近增补排水孔。集水井、集水廊道的淤积物应及时清除。抽排设备应经常进行维护，保证正常抽排。地下洞室的顶拱、边墙等部位出现渗漏时，应增设排水孔，并设置导排设施。 （9）修理沥青混凝土面板前，应先分析沥青混凝土破坏原因，并根据《土石坝沥青混凝土面板和心墙设计规范》（DL/T 5411）和原设计制定相应的修理方案，并将库水位降至修理范围以下。沥青混凝土表面封闭层出现龟裂、剥落等老化现象时应及时进行修复
输水洞及溢洪道维护	（1）输水洞洞身出现裂缝、渗漏时，常用洞内修补、补强、衬砌、套管及灌浆等措施进行处理。 （2）溢洪道进口、陡坡、消力池以及挑流设施应保持整洁，如有石块和竹木等杂物，应清除；溢流期间应注意打捞上游的漂浮物，严禁木排及船只等靠近溢洪道口。 （3）溢洪道或其他泄水建筑物，如果有陡坡开裂、侧墙砌石和消能设施损坏时，有条件的应立即停止过水进行抢修，且应使用速凝、快硬黏结材料。 （4）输水洞在纵断面突变处、高流速区以及压力管道闸（阀）门因振动出现空蚀破坏时，应及时用抗空蚀性能较好的材料进行补强加固，如环氧树脂沙浆、钢纤维混凝土或金属板等。并尽可能改善和消除产生空蚀的原因，如修改体形、处理不平整凸体、设置通气减蚀设施、改进不合理的闸门运行方式等。多泥沙河流过流表面的修补还应采用高抗冲耐磨材料。 （5）溢洪道挑流消能如引起两岸崩塌或冲刷坑恶化危及挑流鼻坎安全时，要及时予以保护。条件允许时可调整泄量，减轻冲刷

续表

维护项目	维护要求
输水洞及溢洪道维护	（6）溢洪道、输水洞的闸（阀）门，应及时作防锈、防老化的养护，遇有因撞击、振动、结构变形等造成损坏时，应及时修补加固；闸门支铰、门轮和启闭设备，应定期清洗、加油、换油，进行养护；部件及闸门止水损坏要及时更换。启闭机的电器部分尤应注意做好防潮和防雷等安全措施。 （7）严寒地区，要防止冰冻压力对水工建筑物的破坏。对大坝护坡、输水洞、进水塔、溢洪道闸门及其附属的水工结构均应采取破冰措施。常用的有吹气防冻、机械破冰和人工打冰等方法，有条件的也可用变动水位破坏冰盖的办法。选用的方法要因地制宜，简易可行
边坡维护	（1）应做好边坡截、排水沟维护修理，定期疏通排水孔。 （2）边坡有坍塌或滑动危险时，应进行危岩体清除、削坡或采用设挡墙或锚固阻滑等措施

附 录 D
（规范性附录）

大坝安全监测技术要求

表 D.1 混凝土坝安全监测项目分类表

序号	监测类别	监测项目	重力坝级别			拱坝级别		
			1级	2级	3级	1级	2级	3级
1	巡视检查	坝体、坝基、坝肩及近坝库岸	●	●	●	●	●	●
2	变形	坝体位移	●	●	●	●	●	●
		坝肩位移	○	○	○	●	●	●
		倾斜	●	○	○	●	○	○
		接缝变形	●	●	○	●	●	●
		裂缝变形	●	●	●	●	●	●
		坝基位移	●	●	○	●	●	●
		近坝岸坡位移	●	○	○	●	●	○
3	渗流	渗流量	●	●	●	●	●	●
		扬压力或坝基渗透压力	●	●	●	●	●	●
		坝体渗透压力	○	○	○	○	○	○
		绕坝渗流（地下水位）	●	●	○	●	●	●
		水质分析	○	○	○	○	○	○
4	应力、应变及温度	坝体应力、应变	●	○	○	●	○	○
		坝基应力、应变	○	○	○	●	○	○
		混凝土温度	●	○	○	●	●	●
		坝基温度	○	○	○	●	●	●

序号	监测类别	监测项目	重力坝级别			拱坝级别		
			1级	2级	3级	1级	2级	3级
5	环境量	上、下游水位	●	●	●	●	●	●
		气温	●	●	●	●	●	●
		降水量	●	●	●	●	●	●
		库水温	●	○	○	●	○	○
		坝前淤积	○	○	○	○	○	○
		下游冲刷	○	○	○	○	○	○
		冰冻	○	○	○	○	○	○
		大气压力	○	○	○	○	○	○

注 1. 有"●"者为应测项目；有"○"者为可选项目，可根据需要选设。
　　2. 坝高 70m 以下的 1 级重力坝，坝体应力、应变监测为可选项。

表 D.2　　　　　　　　　混凝土坝安全监测项目测次表

序号	监测项目	首次蓄水期	初蓄期	运行期
1	位移	1次/天~1次/旬	1次/旬~1次/月	1次/月
2	倾斜	1次/天~1次/旬	1次/旬~1次/月	1次/月
3	大坝外部接缝、裂缝变化	1次/天~1次/旬	1次/旬~1次/月	1次/月
4	近坝区岸坡稳定	2次/月	1次/月	1次/季
5	渗流量	1次/天	2次/旬~1次/旬	1次/旬~2次/月
6	扬压力	1次/天	2次/旬~1次/旬	1次/旬~2次/月
7	渗透压力	1次/天	2次/旬~1次/旬	1次/旬~2次/月
8	绕坝渗流	1次/天~1次/旬	1次/旬~1次/月	1次/月
9	水质分析	按需要	按需要	按需要
10	应力、应变	1次/天~1次/旬	1次/旬~1次/月	1次/月~1次/季
11	大坝及坝基的温度	1次/天~1次/旬	1次/旬~1次/月	1次/月~1次/季
12	大坝内部接缝、裂缝	1次/天~1次/旬	1次/旬~1次/月	1次/月~1次/季
13	钢筋、钢板、锚索、锚杆应力	1次/天~1次/旬	1次/旬~1次/月	1次/月~1次/季

序号	监测项目	首次蓄水期	初蓄期	运行期
14	上下游水位	4次/天~2次/天	2次/天	2次/天~1次/天
15	库水温	1次/天~1次/旬	1次/旬~1次/月	1次/月
16	气温	逐日量	逐日量	逐日量
17	降水量	逐日量	逐日量	逐日量
18	坝前淤积		按需要	按需要
19	下游冲刷		按需要	按需要
20	冰冻	按需要	按需要	按需要
21	大气压力	按需要	按需要	按需要
22	坝区水平位移监测控制网	1次/季	1次/年	1次/年
23	坝区垂直位移监测控制网	1次/季	1次/年	1次/年

注 1. 表中测次均系正常情况下人工测读的最低要求，特殊时间（如发生大洪水、特大暴雨、地震等），应增加测次。自动化监测可根据需要，适当加密测次。

2. 首次蓄水期，库水位上升快的，测次应取上限；初蓄期，开始测次应取上限。运行期，当变形、渗流等性态变化速度大时测次应取上限，性态趋于稳定时可取下限；但当水位超过前期运行水位时，仍应按首次蓄水执行。每年泄洪后，宜施测1次下游冲刷情况。

3. 经运行期5次以上复测表明稳定的变形监测控制网，测次可减少为3年1次至2年1次。

表 D.3   土石坝安全监测项目分类表

序号	监测类别	大坝类型、级别 监测项目	面板堆石坝			心墙堆石坝			均质坝		
			1级	2级	3级	1级	2级	3级	1级	2级	3级
1	变形	坝体表面垂直位移	●	●	●	●	●	●	●	●	●
		坝体表面水平位移	●	●	●	●	●	●	●	●	●
		堆石体内部垂直位移	●	●	○	●	●	○	○	○	○
		堆石体内部水平位移	●	○	○	●	○	○	○	○	○
		接缝变形	●	●	○	○	○	○	—	—	—
		坝基变形	○	○	○	○	○	○	○	○	○
		坝体防渗体变形	●	○	○	●	○	○	—	—	—
		坝基防渗墙变形	○	○	○	○	○	○	○	○	○
		界面位移	●	○	○	●	●	○	○	—	—

序号	监测类别	大坝类型、级别／监测项目	面板堆石坝			心墙堆石坝			均质坝		
			1级	2级	3级	1级	2级	3级	1级	2级	3级
2	渗流	渗流量	●	●	●	●	●	●	●	●	●
		坝体渗透压力	●	○	○	●	○	○	●	●	●
		坝基渗透压力	●	●	●	●	●	●	●	●	○
		防渗体渗透压力	●	●	○	●	●	●	—	—	—
		绕坝渗流（地下水位）	●	●	●	●	●	○	●	●	○
		水质分析	○	○	○	○	○	○	○	○	○
3	压力（应力）	孔隙水压力	—	—	—	○	○	○	●	○	○
		坝体压应力	○	○	—	○	○	—	○	○	—
		坝基压应力	○	○	○	○	○	○	○	○	○
		界面压应力	●	○	○	●	○	○	○	—	—
		坝体防渗体应力、应变及温度	●	○	○	●	○	○	—	—	—
		坝基防渗墙应力、应变及温度	○	○	○	○	○	○	○	○	○
4	环境量	上、下游水位	●	●	●	●	●	●	●	●	●
		气温	●	●	●	●	●	●	●	●	●
		降水量	●	●	●	●	●	●	●	●	●
		库水温	○	○	—	○	○	—	○	○	○
		坝前淤积	○	○	○	○	○	○	○	○	○
		下游冲淤	○	○	○	○	○	○	○	○	○
		冰压力	○	—	—	—	—	—	—	—	—

注 1.有"●"者为应测项目；有"○"者为可选项目，可根据需要选设。

2.坝高70m以下的1级、2级坝的内部垂直位移、内部水平位移、坝体防渗体应力、应变、温度及库水温监测项目为可选项。

3.对应测项目，如有因工程实际情况难以实施者，应由设计单位提出专门的研究论证报告，并报项目审查单位批准后缓设或免设。

表 D.4   土石坝安全监测项目测次表

序号	监测项目	首次蓄水期	初蓄期	运行期
1	表面变形	4次/月~10次/月	2次/月~4次/月	1次/2月~1次/月
2	坝体内部位移	10次/月~1次/天	4次/月~10次/月	1次/月~4次/月
3	防渗体变形	10次/月~1次/天	4次/月~10次/月	1次/月~4次/月
4	接缝变化	10次/月~1次/天	4次/月~10次/月	1次/月~4次/月
5	坝基变形	10次/月~1次/天	4次/月~10次/月	1次/月~4次/月
6	界面位移	10次/月~1次/天	4次/月~10次/月	1次/月~4次/月
7	渗流量	1次/天	4次/月~2次/旬	4次/月~2次/旬
8	坝体渗透压力	1次/天	4次/月~2次/旬	4次/月~2次/旬
9	坝基渗透压力	1次/天	4次/月~2次/旬	4次/月~2次/旬
10	防渗体渗透压力	1次/天	4次/月~2次/旬	4次/月~2次/旬
11	绕坝渗流（地下水位）	10次/月~1次/天	4次/月~2次/旬	2次/月~4次/月
12	坝体应力、应变及温度	4次/月~1次/天	4次/月~2次/旬	1次/月
13	防渗体应力、应变及温度	4次/月~10次/月	4次/月~2次/旬	1次/月
14	上、下游水位	2次/天~4次/天	2次/天	1次/天~2次/天
15	库水温	1次/旬~1次/天	1次/月~1次/旬	1次/月
16	气温	逐日量	逐日量	逐日量
17	降水量	逐日量	逐日量	逐日量
18	坝前淤积		按需要	按需要
19	下游冲淤		泄洪后	泄洪后
20	冰冻	按需要	按需要	按需要
21	水质分析	按需要	按需要	按需要
22	坝区水平位移监测网	2次/年	1次/年	1次/年
23	坝区垂直位移监测网	2次/年	1次/年	1次/年

注 1. 表中测次均系正常情况下人工测读的最低要求，特殊时间（如发生大洪水、特大暴雨、地震等），应增加测次。自动化监测可根据需要，适当加密测次。

2. 首次蓄水期库水位上升快的，或施工后期坝体填筑进度快的，各项目测次应取上限。初蓄期和运行期，高坝、大库或变形、渗流等性态变化速率大时，测次应取上限；低坝或性态趋于稳定时可取下限；但当水位超过前期运行水位时，仍应按首次蓄水执行。每年泄洪后，宜施测1次下游冲刷情况。

3. 经运行期5次以上复测表明稳定的变形监测控制网，测次可减少为3年1次至2年1次。

表 D.5 混凝土坝变形、渗流监测精度要求

项 目				位移量中误差限值
变形监测控制网				± 1.4mm
水平位移	坝体	重力坝		± 1.0mm
		拱坝	径向	± 2.0mm
			切向	± 1.0mm
	坝基	重力坝		± 0.3mm
		拱坝	径向	± 0.3mm
			切向	± 0.3mm
垂直位移		坝体		± 1.0mm
		坝基		± 0.3mm
倾斜		坝体		± 5.0″
		坝基		± 1.0″
坝体表面接缝和裂缝				± 0.2mm
坝基、坝肩岩体内部变形				± 0.2mm
近坝区岩体和高边坡		水平位移		± 2.0mm
		垂直位移		± 2.0mm
滑坡体		水平位移		± 3.0mm（岩质边坡） ± 5.0mm（土质边坡）
		垂直位移		± 3.0mm（岩质边坡） ± 5.0mm（土质边坡）
		裂缝		± 1.0mm
渗流		渗流量		± 10% 满量程
		量水堰堰上水头		± 1.0mm
		绕坝渗流孔、测压管水位		± 50mm
		渗透压力		± 0.5% 满量程

注 1. 表中监测精度为最低要求；特殊情况下的监测精度要求，可根据实际情况确定。
　2. 表中变形监测控制网监测精度是指工作基点在指定位移方向上的中误差。
　3. 表中坝体位移监测精度是指测点相对工作基点的测量中误差。

表 D.6 土石坝变形、渗流监测精度要求

监测类别	监测项目	监测精度
变形	坝体表面水平、垂直位移	±3.0mm
	坝体内部水平、垂直位移	±3.0mm
	接缝和裂缝变形	±0.1~±1.0mm
渗流	渗流量	±10% 满量程
	量水堰堰上水头	±1mm
	绕坝渗流孔、测压管水位	±50mm
	渗透压力（渗压计）	±0.5% 满量程

注 1. 表中监测精度为最低要求。特殊情况下，监测精度要求可根据实际情况，在设计中确定。
    2. 表中坝体表面变形监测精度是指相对工作基点的测量中误差，并应保证工作基点在指定位移方向的中误差不大于 ±1.4mm。
    3. 混凝土接缝、裂缝取小值，土体和界面接缝、裂缝取大值。

附 录 E
（资料性附录）

大坝安全监测系统运行要求

表 E.1   大坝安全监测系统运行要求

监测类别	监测项目	运行要求
环境量 监测	水位监测	（1）水位监测应设置遥测水位计和水尺。遥测水位计和水尺可与水情自动化测报系统共用，但监测数据应能实时共享。设置遥测水位计的同时，应设置人工测读的水尺，其最大测读高程应高于校核洪水位。水位以 m 计，读数至 0.01 m。 （2）大坝监测数据分析所采用的水位测值应为日平均水位。若采用人工测读水位，则一日内至少应确定等间隔时间点测读 4 个数据进行日平均水位计算
	气温监测	（1）气温监测一般选用玻璃温度表、双金属片温度计、金属电阻温度表、热敏电阻温度表等，自动站使用气温传感器，气温监测仪器应设在专用的百叶箱内。温度以℃计，读数至 0.1 ℃。 （2）大坝监测所采用的气温测值应为日平均温度。可取每日 2 时、8 时、14 时、20 时观测值的平均值，时间误差应不超过 1 min
	降水量 监测	（1）降水量观测项目一般包括测记降雨、降雪、降雹的水量。单纯的雾、露、霜不计为降水量。降水量以 mm 计，读数至 0.1 mm。 （2）降水量监测可选用自记雨量计、遥测雨量计或自动测报雨量计，可与水情自动测报系统共用，但监测数据应实时共享。 （3）每日降水以北京时间 8 时为日分界，即从昨日 8 时至今日 8 时的降水统计为昨日降水量
	库水温 监测	（1）库水温监测有固定式和活动式两种方法。固定式库水温监测可采用建筑物迎水面表面部位埋设的温度计进行监测；活动式库水温监测采用温度和水深测量组合装置测量不同水深处的温度。 （2）库水温测读的同时应测量气温。库水温以℃计，读数至 0.1 ℃。 （3）采用活动式库水温监测方法时，温度计放在所测部位的时间不宜小于 5 min，水深以 m 计，读数至 0.01 m
	冰压力 监测	（1）结冰前在冰面以下 20~50 cm 处，每隔 20~40cm 设置 1 个压力传感器，并在旁边相同深度设置温度计，监测静冰压力及冰温；同时应监测气温和冰厚。 （2）自结冰之日起，每日至少应监测 2 次。在冰层胀缩变化剧烈时期，应加密测次。

监测类别	监测项目	运行要求
环境量监测	冰压力监测	（3）消冰前根据变化趋势，对预设在大坝前缘适当位置的压力传感器进行动冰压力监测，同时应监测冰情、风力和风向等
	坝前淤积和下游冲刷测量	（1）泥沙压力监测宜使用安装在建筑物迎水面表面部位的压力计。坝前淤积和下游冲刷情况的监测可采用水下摄像、地形测量或断面测量等方法。 （2）水库淤积测量、坝前断面淤积测量和下游河道冲刷测量方案应满足不同时间观测成果的可比性原则。水库淤积测量、大坝下游河道全断面测量工作宜结合大坝定检工作每五年至少一次；若遭遇水电站历史最大洪水或重现期为二十年一遇以上的洪水时，应在泄水完成后，及时进行溢流面、消能设施及下游导墙等过洪表面及基础的水下检查以及下游冲坑测量工作。在坝前、沉沙池、下游冲刷的区域至少应各设置2个固定测量断面；坝前断面淤积测量以及多泥沙河流汛期闸门前的泥沙淤积断面监测宜每年进行；下游冲刷断面测量，土石坝应在每年汛期泄洪后施测一次，混凝土坝可每2~3年或更长时间施测一次，多泥沙河流应至少每两年施测一次
变形监测	变形控制网监测	（1）平面控制网宜采用边角网法进行观测。当需要进行特大面积变形控制测量时，在能满足精度要求情况下，可采用全球导航卫星系统（GNSS）观测。GNSS观测应使用B级及以上精度的GNSS静态定位法，对网中距离较近的测点应同步观测。当实行分区观测时，相邻分区间至少要有2个公共测点。高程控制网应采用精密水准法观测。平面控制网和高程控制网观测应遵守《工程测量标准》（GB 50026）、《国家一、二等水准测量规范》（GB/T 12897）、《中、短程光电测距规范》（GB/T 16818）、《国家三角测量规范》（GB/T 17942）《全球定位系统（GPS）测量规范》（GB/T 18314）的相关规定。 （2）变形控制网点发生显著位移时，经核实后，其三维坐标应采用复测后的成果，且与其相应的引用均应进行修正
	交会法及极坐标法	（1）水平角和垂直角观测仪器应采用J1级及以上精度的经纬仪或全站仪。经纬仪观测水平角时，各测回均应采用同一度盘位置，测微器位置宜适当变动。 （2）边长观测应使用规定的气象仪表观测当时的气象元素，用于观测边的气象改正；改正后的边长应用精密水准法或三角高程平差后的高程进行倾斜改正。 （3）水平角、垂直角、边长观测的方法和限差应符合DL/T 1558要求。 （4）为减小大气折光对测量的影响，宜在大气条件稳定均匀的时间段进行观测。应适当抬高视线，远离建筑物，避开金属结构物；选择大气温度较均匀的有利时间段进行观测，避开日出、日落前后时段。 （5）边角交会观测时，对两工作基点按极坐标法分别计算测点坐标及其闭合差，并校核工作基点间的边长变化情况。闭合差超限时应重测，当重测的闭合差仍超限时，应对工作基点进行稳定性分析

监测类别	监测项目	运行要求
变形监测	精密水准监测	（1）混凝土坝的垂直位移，应使用 DS05 级及以上精度的水准仪及配套钢瓦标尺，按一等水准测量要求施测；土石坝的垂直位移，可使用 DS1 级及以上精度的水准仪及配套钢瓦标尺，按照三等及以上水准测量要求施测；近坝区岩体、高边坡和滑坡体的垂直位移，可使用 DS1 级及以上精度的水准仪及配套钢瓦标尺，采用二等水准测量要求施测。 （2）各等级水准观测的方法和限差应符合《大坝安全监测系统运行维护规程》（DL/T 1558）的相关要求。 （3）当测站往返超限差、线路闭合差超限时应进行重测。对附合水准路线，重测仍超限时，应对工作基点进行稳定性分析。 （4）在水准线路上，宜设置固定测站和固定转点
	三角高程监测	（1）采用三角高程法观测垂直位移时应观测垂直角和边长。 （2）垂直角观测应使用 J1 级及以上精度的经纬仪或全站仪。 （3）三角高程观测宜采用对向观测法，以减小大气折光等的影响，也可现场测定气压及气温进行大气折光系数修正
	垂线监测	（1）垂线人工测读前应检查线体的运行情况。 （2）垂线人工测读可采用光学垂线坐标仪、垂线瞄准仪或其他同精度仪器；自动化仪器一般有电容式、电感式、CCD 式、步进电机式垂线坐标仪等。 （3）观测时应保持线体处于自由状态和线体稳定，不受气流或人为扰动。 （4）一条垂线上各测点的观测，应从上而下、或从下而上依次观测，应在尽量短的时间内完成。 （5）人工观测的每一测次应观测两测回，一测回内两次照准读数差不得超过 0.15 mm，两测回之差不得大于 0.15 mm
	视准线监测	（1）应使用精度不低于 J1 级的经纬仪或全站仪。观测方法和误差控制按 DL/T 5178 和 DL/T 5259 规定执行。 （2）视准线观测可采用活动觇标法或小角度法。使用全站仪观测时，宜采用小角度法。 （3）视准线长度超过 300 m 时，应采用中间设站法观测。 （4）视准线端点应保证稳定可靠，并有垂线或平面控制网等校测手段对视准线端点的位移进行校测，并根据校测成果对测点的水平位移进行修正
	引张线监测	（1）引张线人工测读可采用读数显微镜、放大镜、光学仪器等设备，不应直接目视读数；自动化仪器可采用电容式、电感式、CCD 式、步进电动机式引张线仪等。 （2）引张线测读前应检查浮船和测线工作状态，测线应处于自由状态，测线高于读数尺 0.3~3.0 mm，定位卡处于固定位置。 （3）人工观测每一测次应测读两测回，两测回测值之差不得超过 0.15 mm。 （4）采用垂线进行基点校测时，引张线测读频次应与垂线监测保持一致

监测类别	监测项目	运行要求
变形监测	激光准直监测	（1）真空激光观测时，应保持管道内压强降到规定的真空度值范围。每一测次往、返测的偏离值之差不得大于 0.3 mm。 （2）大气激光观测应在大气稳定、光斑抖动微弱时进行，坝顶宜在夜间观测。每一测次测读两个测回（每测回包括往、返测），两测回测得偏离值之差不得大于 1.5 mm。 （3）使用自动激光探测仪时，应先启动电源，使仪器预热达到要求后再采集数据。 （4）激光准直观测测读频次应与垂线、双金属标等基点校测仪器设备测读频次一致，两者测读时间差不宜超过 30 min
	水平位移计监测	（1）水平位移计可采用引张线式、电磁式、杆式水平位移计等。 （2）水平位移计测读频次应与观测房的水平位移测点监测保持一致，并采用观测房的水平位移值修正相应测点的水平位移值。 （3）引张线式水平位移计测读前，按设计要求进行加载重量，不得超限加载，人工加载、卸载均应缓慢进行，不得瞬间加载或卸载；根据线体长度，加载后稳定 10~30 min 后开始测读；每隔 10 min 测读 1 次，直到连续 2 次测值之差小于 0.5 mm 时，取其平均值作为一测回测值；卸载后重新加载重量，再进行下一测回的测读。两测回读数差不得大于 2.0 mm
	沉降仪监测	（1）沉降仪可采用水管式、气压式、液压式沉降仪。 （2）沉降仪监测频次应与观测房的垂直位移测点监测保持一致，并采用观测房的垂直位移值修正相应测点的垂直位移值。 （3）水管式沉降仪测读前应记录管内液面的原始液面高度，作为辅助数据；每次充水前应确认排水管及排气管通畅，可采用人工充气排水的方法，将连通管阀门关闭，向通气管内充气，直至排水管内液体排干；观测时向进水管适量补充液体，补水高度不宜低于 50 cm，水质应满足无菌要求，特殊地区应考虑液体防冻要求；测管水位稳定 10~30 min 后测读一次，以后每 10 min 测读 1 次，读数至 0.1 mm，当相邻两次测值之差小于 2.0 mm 时，取其平均值作为该次的观测值
	静力水准监测	（1）各测点应依次在尽量短的时间内完成测量。 （2）人工读数时视线应与刻度保持正视；读数至 0.1 mm，每测次应测读两测回，两测回观测值之差不得大于 0.15 mm。 （3）采用自动化监测时，应定期检查容器内的液位，确保浮子处于自由状态。 （4）应采用精密水准或双金属标定期对静力水准基点位移进行校测；采用双金属标校测静力水准基点时，双金属标和静力水准观测宜同步进行
	双金属标监测	（1）观测时应确认夹具和双金属标连接可靠。 （2）采用水准测量时应按照一等水准的要求实测。

监测类别	监测项目	运行要求
变形监测	双金属标监测	（3）采用游标卡尺人工观测双金属标时，应检查卡尺活动情况，每次应在同一部位量测，计数至0.01 mm，每次量测两测回，两测回读数差不得大于0.2 mm。 （4）双金属标测读应与相应的垂直位移监测项目同步进行，并根据双金属标测值的改正值对相应测点的垂直位移测值进行修正
	测斜管及测斜仪监测	（1）活动式测斜仪观测时，将测头高轮朝向临空面（正测）沿测斜管导槽缓缓放至孔底，测头在孔底停置5~10 min后待传感器及电缆温度稳定后，自下而上每隔0.5 m测读一个测值。正测完成后，将测头调转180°（反测）沿测斜管导槽缓缓放至孔底，自下而上完成测读。 （2）正、反测完成后应及时将两组读数相加，进行"和校验"，取其平均值作为测斜仪传感器零偏移值；当零偏移值超过仪器规定值时应重测。 （3）固定式测斜仪应采用专用读数仪或自动化监测，按照设定的计算公式和标定的仪器参数计算各测点位置的水平位移。 （4）测斜仪使用中应注意轻拿轻放，避免过大的冲击振动，以免结构变形或损坏。存放时不得受潮受热。连接电缆插头应仔细对准方可插入和拧紧螺母；拧紧螺母时应连续用力，不得冲击式拧紧
	接缝与裂缝监测	（1）接缝与裂缝观测内容包括位置、走向、长度、宽度、深度等，应定期做好观测记录。 （2）对于位置、走向、长度应现场测量，并绘图予以标明。必要时还可在裂缝发展的有代表性阶段拍摄照片，拍照时可在裂缝边固定位置设置标尺等，以进行比较。 （3）采用钢尺测量裂缝宽度时应选择缝宽最大和有代表性的缝段，钢尺要求有毫米分划，用刻度放大镜测量，读数至0.1 mm。 （4）采用游标卡尺或千分卡尺、百分表或千分表测量裂缝宽度时，应注意是否到位，每测次均应进行两次量测，两次观测值之差不得大于0.2 mm。 （5）土质坝裂缝深度的测量可在裂缝附近适当位置，坑探或钻孔进行探测；混凝土和砌石建筑物裂缝深度的观测，宜采用金属线、超声波探伤仪或钻机打孔探测。 （6）自动化仪器可装设表面单向、双向或三向测缝计，内部可埋设差动电阻式或其他型式的测缝计。 （7）观测裂缝时，应同时监测气温、混凝土温度、水温、上游水位等环境因子；对于梁、板、柱等建筑物应检查记录荷载情况；有漏水情况的裂缝，则应同时监测漏水情况
渗流监测	测压管监测	（1）测压管的人工观测一般采用测深锤、电测水位计（无压孔）和压力表（有压孔）；自动化观测可采用渗压计、水位计等仪器。 （2）使用测深锤观测，应测读两次，两次读差值应不大于1 cm。

监测类别	监测项目	运行要求
渗流监测	测压管监测	（3）使用电测水位计时，应将测头小心放入测压管孔内，指示器反应或发出蜂鸣声音时，继续将探头往下放 10~20 cm，再缓慢提起测头反复确认水面，测读水面距孔口的距离；读数至 0.01 m。 （4）对常开有压孔，需将阀门提前关闭 48 h 以上，再读取压力表刻度；常闭有压孔可直接读取数据。 （5）当测孔水位有较大变化，致使读数长期在压力表 1/3～2/3 量程范围之外时，应更换适宜量程的压力表
渗流监测	渗压计监测	（1）渗压计应用于测压管扬压水位、建筑物内部渗透压力的监测，渗压计量程应与测点实际压力相适应，必要时宜选用能消除气压的渗压计。 （2）用渗压计量测监测孔的水位时应根据不同类型的渗压计，采用相应的读数仪进行测读，精度不得低于满量程的 5‰，两次读数误差应不大于仪器的最小刻度分划。测值物理量用压强或水头来表示，并换算成水位高程。 （3）测压管使用渗压计应安装在测压管历史最低水位以下。 （4）当采用渗压计量测监测孔的水位时，两次读数之差应不大于仪器的最小读数
渗流监测	量水堰监测	（1）渗流量为 1~30 L/s 时，宜选用直角三角形薄壁堰；渗流量大于等于 30 L/s 时，宜选用矩形薄壁堰或梯形薄壁堰；当渗漏量小于 1 L/s 时，宜用容积法监测。对于未设置量水堰的单孔排水，其流量测量应采用容积法。 （2）测量时应保持堰槽、堰板、水尺和自动化测量装置清洁、水流稳定。 （3）采用水位测针测读时，应将测针缓缓摇下，当测针轻轻接触水面时即可读数，读数精确到 0.1 mm，读数两次，两次读数差不应大于 0.2 mm；测读完毕后将测针摇回，测针头部应擦拭干净。 （4）采用水尺目测读数时，视线应尽量水平；读数至 0.1 mm。 （5）采用浮子式水位计测读堰上水头时，应保证浮子处于自由状态，并且浮子在量程范围内。浮子式水位计可采用目视计数，也可采用自动化测读数据，其读数应精确到 0.1 mm。 （6）采用容积法观测时，量具集水时间宜为 1 min，不得短于 10 s；相同方法重复两次，两次测值之差不得大于平均值的 5%，取平均值为该次流量测值
应力应变及温度监测	应力应变及温度监测	（1）应力应变及温度监测传感器可采用差动电阻式、电感式、电容式、压阻式、振弦式、电位计式、差动变压器式、光电式等。 （2）差动电阻式仪器正常状态下，要求电阻比测值极差不大于 3×10^{-4}，电阻值测值极差不大于 0.05 Ω，仪器绝缘电阻不小于 0.1 MΩ。 （3）振弦式仪器可用现场短期稳定性测试方法进行评判：间隔 10 s 以上记录一次数据，连续测读 3 次，计算其相互之间的较差。正常状态下，频率测值不大于 1 000 Hz 时要求频率差不大于 2 Hz，频率测值大于 1 000 Hz 时要求频率差不大于 3 Hz；温度极差不大于 0.5 ℃，仪器绝缘电阻不小于 0.1 MΩ。

监测类别	监测项目	运行要求
应力应变及温度监测	应力应变及温度监测	（4）电容式、电位器式、标准量式仪器可按转化后的物理量进行短期稳定性的评判。 （5）电缆应加以保护，特别是室外电缆应布设在电缆沟或电缆保护管内，电缆的两端应安装电缆编号标签。电缆沟宜封闭，并应做好排水措施。 （6）仪器和电缆的编号应清晰、准确，连接方式、电缆长度等不应随意改变；发生改变时，应在变动前后读取监测值，并做好记录。 （7）应力应变观测应与无应力计和相关的温度计同时观测。 （8）连续测读时，传感器读数一般在 2~4 s 内稳定，发现测值有异常时，应立即进行复测、检查、确认、记录。 （9）测读完成后，恢复电缆头的保护措施，复原电缆盘线
监测自动化系统	数据采集装置	（1）监测站数据采集装置工作条件应满足环境温度 −10~50 ℃、相对湿度不大于 95%。监测站接地电阻宜不大于 10 Ω。 （2）数据采集装置主要运行指标要求： 1）数据缺失率（FR）≤ 3%； 2）平均无故障时间（MTBF）≥ 6300 h； 3）平均维修时间（MTTR）≤ 2 h； 4）具有电源管理、电池供电和掉电保护功能。蓄电池供电时间应不少于 72 h（需强电驱动控制的设备除外）
	监测管理站和监测管理中心站	（1）监测管理站的工作条件应满足环境温度 0~50 ℃、相对湿度不大于 85%；监测管理中心站的工作条件应满足环境温度 15~35 ℃、相对湿度不大于 85%。 （2）具备能完成日常工程安全管理的工程安全监测管理软件，其主要功能宜包括在线监测、离线分析、图表制作、测值预报、厂区和远程网络通信、数据库及其管理、系统管理、安全保密等。 （3）具备声光报警提示或其他方式报警功能。 （4）采用专用计算机，系统使用的输入输出设备应采用专用设备。 （5）自动化系统应采用专用电源供电，不应直接用现场照明电源。系统电源应有稳压及过电压保护措施，以避免受当地电源波动过大的影响。 （6）自动化系统应有可靠的防雷电感应措施，系统的接地应可靠，接地电阻应满足电气设备接地要求
	自动化系统	（1）定时查看采集计算机、监测管理站或监测管理中心站的运行画面，及时查看系统越限报警信息和故障日志，故障报警及时上报。 （2）定时通过监测自动化系统的诊断功能了解监测仪器、监测站数据采集装置、监测管理站和监测管理中心站各设备状态。 （3）按要求完成日报表、月报表等报表制作。 （4）所有原始数据应全部入库，人工观测数据应在测量完成当天录入信息管理系统，自动化监测数据应实时入库。

监测类别	监测项目	运行要求
监测自动化系统	自动化系统	（5）保持网络及采集计算机、采集软件、大坝安全监测管理计算机、监测管理软件和相关外部设备的正常工作，计算机应及时查杀病毒并处理。 （6）监测数据至少每30天进行一次备份；监测数据库的备份应采取异地、不同介质的双备份方式。 （7）每月应校正一次系统时钟

附　录　F
（资料性附录）

大坝安全监测系统检查及维护内容

表 F.1　　　　　　　　　　　　大坝安全监测系统检查及维护内容表

监测类别	监测设施	检查及维护内容
环境量监测	水位监测设施	（1）日常检查时应注意观察水尺、水位计、测井、传感器防护管道及周边设施情况，发现异常应尽快上报并做相应的处理。 （2）及时清理水位井进水口的水草和杂物，定期对水尺进行清洗、除锈、涂漆等保养工作。 （3）自记水位计应按记录周期定时换纸，并应注明换纸时间和对应水位。 （4）土石坝的水尺或自动化水位计的零点标高应每年校测一次，混凝土坝的水尺或自动化水位计的零点标高应每 1~2 年校测一次。水位传感器宜每年校验一次。水尺、水位传感器校验时间宜安排在每年汛前的巡检期间或汛后。当发现水尺零点可能有变化时，也应进行校测。 （5）水位传感器应根据其特点及时维护。如气泡式水位传感器使用的氮气瓶内的气体在消耗 1/4 时，应保证一个充满氮气瓶备用，满瓶气体时压力表指示应为 14000~16000 kPa，在被完全消耗完之前应更换氮气瓶
	气温监测设施	（1）定期用毛刷清理气温自动采集器的灰尘。注意不得带电拔插各种接线端子，不得带电撤换或安装传感器。如果发生故障则应对相应部分做单独维护。 （2）定期检查测站内的交流输入指示灯、直流输出指示灯、充电指示灯是否正常。 （3）每 1~2 年对自动气象站的温度、湿度等传感器进行一次校验
	降水量监测设施	（1）雨量计每月至少检查一次，保持传感器器口不变形，器口面水平，器身稳固。 （2）应定期检查测量仪器所使用的电池电压，如电压低于允许值，应随时充电或更换全部电池，以保证仪器正常工作。 （3）检查时应清除承雨器滤网上的杂物和漏斗通道堵塞物，注意保持节流管的畅通。必要时可用中性洗涤剂清洗翻斗表面，但不得用手触摸翻斗内壁。

监测类别	监测设施	检查及维护内容
环境量监测	降水量监测设施	（4）每年1~2次用分度值不大于0.1 mm的游标卡尺测量观测场内各个仪器的承雨器口直径。每年1~2次用水准器或水平尺检查承雨器口面是否水平
	变形控制网和外部观测设施	（1）基点、观测墩、测点应有可靠的保护装置。应定期维护观测底盘，防止锈蚀。 （2）重要的基点、标点可按国家有关规定委托所在地机关、单位或个人保管，每年汛前应进行检查，发现标盘和测点损坏，影响对准和观测精度的，应及时更换。 （3）定期对控制网点、观测道路进行巡视检查，保障道路完好、畅通；网点破坏或视线受阻应及时进行恢复，并复核测网或测线的精度。 （4）垂直、水平位移工作基点每年应根据复测资料进行稳定性评价，对损坏和稳定性较差的基点应修复或重建。若工作基点不具备和控制网联测条件，也应用复测后的控制网的部分点对工作基点进行校测，以检验其稳定性
	垂线	（1）保持观测房和测点环境的整洁，及时更换破损的观测房门、防风和挡水装置、警示标志等，防止雨水或污水流入垂线孔或正、倒垂线的油桶内。 （2）使用光学垂线坐标仪时，应定期检查仪器零位，如零位有变化需送厂家维修，并对测值进行改正，检查方法见DL/T 5178。采用瞄准仪时，应检查游标卡尺是否松动、卡滞，打开保护罩检查瞄准针的完好性。 （3）日常检查倒垂浮桶、正垂阻尼油桶有无漏油现象、油面是否正常，不足时应及时补充。宜每2~5年进行一次换油工作。 （4）定期检查倒垂浮子是否自由、移动范围是否满足量程要求。 （5）正垂线体悬挂点固线卡应定期检查维护。 （6）定期对测点的金属部件进行防锈处理。 （7）定期采用标准测试块校测垂线坐标仪测试传感器精确度
	视准线	（1）应经常检查各视准线观测墩是否被碰撞，强制对中盘装置是否变形损坏。 （2）检查固定觇牌和强制对中盘是否可靠连接 （3）检查活动觇牌隙动差、零位差是否符合要求 （4）应定期清除视线旁侧的障碍物
	引张线	（1）日常检查引张线线体自由情况、防风效果，及时处理不良状况。液体黏稠度过大时应及时更换，液位不足应及时补充，液位的高度以线体高于钢板尺0.3~3 mm为准。位于坝顶的引张线，夏季气温高、蒸发量大时，应至少每周检查一次。

监测类别	监测设施	检查及维护内容
环境量监测	引张线	（2）测点读数尺尺面应定期进行检查，保持清洁。读数尺位置应在有效范围内。 （3）引张线端点的线锤连接装置、固线卡应定期检查维护。 （4）采用两端固定方式的引张线，应定期检查线体张紧度及传感器精确度，发生松弛时应加重张拉，并重新进行固定。 （5）定期检查引张线保护管是否弯曲、锈蚀等现象，严禁在保护管上堆放或悬挂重物。 （6）引张线保护管、测点保护箱应及时防腐处理，保证完好。 （7）定期采用标准测试块校测引张线仪测试传感器精确度
	激光准直	（1）经常检查发射端、接收端保护箱与测墩间接触面的密封情况，检查发射端、接收端保护箱与真空管道连接处、箱门等部位的封闭情况，发现密封不良、漏光等情况应及时处理。 （2）检查除湿设备是否正常工作，若不能正常工作，应及时更换。 （3）对发射端设备检查维护过程中，不得触碰激光管及其微调装置、小孔光阑，不得改变激光管和小孔光阑的位置。 （4）定期对跟踪仪进行维护，擦除附着在跟踪仪丝杆及导轨上的灰尘及油污，并重新擦涂润滑油（宜采用黄油或缝纫机油）。 （5）定期对跟踪仪输出的视频电缆进行测试，发现电缆接头处有接触不良现象时，应重新焊接或更换。 （6）根据真空泵使用说明及要求，定期对真空泵油进行检查，当真空泵油缺少或浑浊时，应采用专用真空泵油进行补充或更换。 （7）定期检查麦氏真空计、真空表，对有故障的麦氏表、真空表进行维修或更换处理。 （8）定期测试系统供电电压的稳定性，若电压不稳定，应查明原因并修复
	引张线式水平位移计	（1）定期检查测量台架和挂重台架的连接装置是否松动，检查线体工作状态是否正常，清洁测尺尺面，传动装置定期涂抹黄油。 （2）定期对观测房内的测量台架和挂重台架的金属构件部分进行防锈处理。 （3）自动化设备应定期检查电动机、行程开关、限位开关、传递装置及加载装置等，异常情况及时处理
	水管式沉降仪	（1）定期检查管路是否通畅。定期向储水桶内补充水，满足防腐、防冻等使用要求。 （2）定期向测头充水排气。应控制进水流量，避免测头内积水位上升，溢出的水进入通气管。如果通气管堵塞，可向管内抽气或抽水。

监测类别	监测设施	检查及维护内容
环境量监测	水管式沉降仪	（3）为防止管路液体结冰，应根据当地最低气温选用适当的防冻液。 （4）定期检查标定接入自动化系统的传感器，检查和维护电磁阀门以及阀门继电器等充水设备
	静力水准	（1）日常检查容器的外观是否完好，有无漏液等现象；检查容器内的液位，确保浮子处于自由状态；检查管路是否密封，是否存在漏液或气泡留存等现象，发现异常及时维护。 （2）静力水准装置应使用蒸馏水，加水高度和首次值齐平，管路中不得有气泡。 （3）定期进行抬升试验，检查静力水准装置的准确性、灵敏度和复位情况
	双金属标	（1）双金属标应加以保护，测点处应保持清洁。 （2）定期对双金属标金属部件进行防锈处理，保证设备完好
	测斜管及测斜仪	（1）日常应检查活动式测斜仪的导轮是否转动灵活、扭簧是否有力、密封圈是否完好，输出是否正常。 （2）日常检查管口周边是否存在明显的变形等现象，清理测斜管周围的杂草，检查孔口保护盖是否完好。 （3）采用活动式测斜仪时，应定期检查测斜管内导槽是否通畅、深度是否满足测量要求。 （4）测斜仪探头和测斜仪读数仪应定期进行检验
	接缝与裂缝监测设施	（1）定期检查金属标点有无被碰撞痕迹，检查清洁情况，检查是否有杂物或覆盖析出物，并及时清理。 （2）游标卡尺、百分表或千分表等测量表计应定期进行检验
渗流监测	测压管	（1）日常检查孔口装置和压力表是否完好，发现锈蚀、损坏、周边渗漏现象应及时处理，孔口应盖好，防止异物堵塞测孔。孔口装置应每2~3年应进行一次除锈、刷漆，以防孔口装置锈蚀漏水。 （2）定期对压力表的灵敏度和归零情况进行检查，可用自动化测值进行对比校验。压力表使用时间较长或发现异常时，应进行送检或更换。应定期对压力表进行校验，并在有效期内使用。 （3）定期对测压管的灵敏性进行检查。管内淤积高度宜每2~5年检查一次，发现管内淤积影响测值时，应及时进行清理。 （4）电测水位计测尺应定期用钢尺校正长度分划值，并对蜂鸣器进行检查。电测水位计的测绳长度标记，应每隔3~6个月用铟钢尺校正一次。 （5）测压管口高程、压力表中心高程、传感器高程等发生变化时，应立即进行检测，并及时对人工记录表中和自动化数据库中的相应计算参数进行修订。

续表

监测类别	监测设施	检查及维护内容
渗流监测	测压管	（6）土石坝测压管的管口高程，在施工期和初蓄期应每隔6个月校测一次，运行期应每2~3年校测一次
	量水堰	（1）及时清理排水孔、堰前排水沟的泥沙淤积和杂物，清除水尺和堰板附着的污物。 （2）定期检查和清除量水堰仪浮筒、浮子式水位计以及进水口的污物。 （3）渗流量长期过大或过小，导致无法正常观测时，应更换测量方式或堰型，或对堰槽进行改造，满足实际流量的监测要求。 （4）量水堰堰口高度与水尺、测量仪器零点应每年校测
	渗压计	（1）周期性检查电缆的连接和连接端子是否完好。 （2）通气型渗压计应及时更换受潮的干燥剂。 （3）定期对渗压计进行灵敏度校验，更换不合格仪器。
应力应变及温度监测	传感器	（1）日常检查仪器设备外露部分的工作状况及电缆标识，详细记录仪表异常、设备故障、电缆状况、工作环境变化等情况。 （2）定期对电缆线头进行维护，除去氧化层，确保接触良好。 （3）根据相关技术标准，定期对传感器的测试误差、短期稳定性、绝缘度等进行检测鉴定，对不合格的仪器，按相关程序报批后，进行停测、封存、报废处理，或进行修复
	集线箱	（1）日常检查集线箱的工作环境，保持清洁、干燥。 （2）定期检查集线箱通道切换开关工作是否正常，指示是否正确。 （3）定期检查集线箱的绝缘度，集线箱绝缘电阻应大于 0.1 MΩ，各接点内阻应不大于 0.03 Ω，各接点内阻之差应不大于 0.005 Ω，各接点内阻变差应不大于 0.002 Ω
监测自动化系统	监测自动化系统	（1）日常检查自动化系统电源线路、系统总电源电压、各测站设备电压、电源系统接地、电源防雷及接地等是否符合要求。日常检查自动化系统网络线布线线路，网线防雷及接地是否符合要求。电源、防雷、通信装置的日常检查周期不应超过30天。 （2）定期对监测自动化系统装置进行检查和维护，定期进行数据采集装置的现场标定。可拆卸的监测自动化系统装置必要时按相关标准和规范要求进行重新率定，校正装置参数。 （3）根据监测自动化装置的故障性质，不满足要求的监测装置应及时更换。 （4）具有远程访问功能的自动化系统，使用远程进行诊断和维护时，应处于受控状态，对于远程登录诊断和维护应履行规定的许可手续，由系统管理员和专业维护员完成，工作结束应及时关闭登录访问功能。

监测类别	监测设施	检查及维护内容
监测自动化系统	监测自动化系统	（5）自动化测点应每半年进行1次人工比测，编制人工比测报告；人工比测报告应绘制测点人工和自动化测值过程线进行规律性和测值变化幅度比较；宜同时开展人工和自动化测值方差分析。自动化实测数据与同时同条件人工比测数据偏差应满足《大坝安全监测自动化技术规范》（DL/T 5211）、《大坝安全监测自动化系统实用化要求及验收规程》（DL/T 5272）的要求。人工比测值和自动化测值之差超过限差时，应对传感器及数据采集装置等进行检查

附 录 G
（资料性附录）

闸门及启闭机金属结构检查及维护内容

表 G.1 闸门及启闭机金属结构日常检查内容表

检查项目	检查内容
闸门（含拦污栅）	（1）检查闸门搁置是否正常，闸门悬吊在门槽内时应支撑锁定好，门底应离开水面一段距离，以免闸门阻水，造成振动，损坏设备。 （2）检查闸门门体、弧形闸门的支臂上不得有泥沙、污垢和附着水生物等杂物，如有应及时予以清除。 （3）闸门处于止水状态时，应进行止水检查。 （4）平板闸门支承滑块检查：支承滑块是否有松动、脱落。 （5）弧形闸门支承铰检查：运行中有无异响。 （6）闸门（含拦污栅）防冻装置检查：装置是否正常运行。 （7）闸门泄水时是否存在振动现象。 （8）检查拦污栅压差装置工作是否正常；检查拦污栅前的污物状况；检查栅前栅后的水头差（压差）是否超过预警值
液压启闭机及控制系统	（1）设备是否保持清洁，机房、控制室内是否照明充足、通风良好、地面整洁、无漏水。 （2）油箱的液面是否保持在正常工作位置；机组进水口液压启闭机各台油缸是否处于不同位置时相对应的液位。 （3）油箱上空气滤清器的颜色是否正常。 （4）经调试设定的压力阀、压力控制器等是否在其正确工作位置。 （5）液压系统各部件，是否存在外泄与渗漏现象，各个阀门的位置是否在规定位置。 （6）各控制系统显示是否正常，PLC（可编程逻辑控制器）工作是否正常。 （7）柜内元器件及操作台的开关、接触器、继电器、仪表等接线头有无松动、过热、变色、灰尘、锈蚀，各电器防潮性能是否满足要求。 （8）油泵运行时有无异常声音及振动现象；运转时各部轴承温升、最高温度是否高于警戒值；工作电流是否稳定。 （9）各部位的连接或紧固螺栓有无松动或脱落
卷扬式启闭机及控制系统	（1）设备是否保持清洁；动闸瓦与闸盘表面是否有油污、有无异物影响安全运行。 （2）减速箱外观各把合缝有无渗油现象。 （3）各部分的连接零件（如螺栓、铆钉、销轴、开口销等）是否松动。 （4）各转动部分的稳定性，如轴承是否振动，各部机座和基础螺栓（螺钉）是否松动。 （5）润滑系统的供油情况及制动系统的工作状况。

续表

检查项目	检查内容
卷扬式启闭机及控制系统	（6）联轴器是否正常。 （7）钢丝绳磨损情况及在滚筒上的排列情况。 （8）柜内元器件及操作台的开关、接触器、继电器、仪表等接线头有无松动、过热、变色、灰尘、锈蚀；电器的防潮性能是否满足要求。 （9）工作中检查运转情况，有无噪声、振动；运转时各部轴承温升、最高温度是否超过警戒值。 （10）各控制系统显示是否正常，PLC 工作是否正常
配电系统与备用电源	（1）变压器的油位、温度及温控箱信号指示灯是否正常。 （2）变压器室内是否干燥，有无异响、异味、振动。 （3）配电自动切换装置各控制开关位置与实际运行方式相符。 （4）配电各连接片位置、表计指示、指示灯信号是否正确，电压切换是否正常。 （5）各配电盘熔断器是否完好；若更换已熔断熔断器时不得改变其容量。 （6）各开关、隔离开关位置是否正确。 （7）配电柜内各电缆头有无变色、异味，接地系统是否良好。 （8）柴油机油箱油位、发动机机油、冷却液位是否正常。 （9）冷却风扇、充电机的皮带有无松弛、松脱或磨损现象。 （10）机组各软管、排烟排气管、冷却风机箱安装是否牢固。 （11）机房内、转动设备周围有无杂物、漏水、滴水现象。 （12）发电机运行时检查：空载运行每月 1 次，汛期每月不应少于 2 次；每次运行时间不应少于 15 min。运行操作人员应做好空载运行记录，记录有关数据及开、停机时间等参数以及发现的问题。备用电源日常运行记录内容宜包括日期、环境温度、操作者、三相电压、三相电流、水温、油压、燃油耗、机油耗（或燃油、机油、冷却液补充量）、实际工作时数、运行状况（有无异常）、故障处理、保养项目、维修项目及结果。 （13）注意倾听机组是否有金属撞击声音及排气爆发的异常声音。 （14）柴油机机座紧固件是否松动，观察机组的振动变化情况；但应注意检查时不得靠近旋转部位和带电部位。 （15）进油管路、回油管路有无渗油现象。 （16）冷却水温、转速、油压、电压、电流、频率等参数是否正常。 （17）发电机蓄电池的电压测试

表 G.2　　　　　　　　　闸门及启闭机金属结构定期检查内容表

检查项目	检查内容
闸门（含拦污栅）	（1）检查闸门油漆涂层或其他涂层是否完好，有无龟裂、翘皮、锈斑等现象。 （2）吊耳检查：观察吊耳是否牢固可靠，检查零件有无裂纹，焊缝有无开裂，螺栓有无松动，止轴销（板）是否丢失、是否窜出。

检查项目	检查内容
闸门（含拦污栅）	（3）平板闸门锁定装置检查：有无变形，焊缝有无开裂或螺栓是否松动。 （4）门叶、梁系、支臂及轨道是否扭曲变形，焊缝有无开裂。 （5）各连接部位的螺栓、止轴板应牢固，是否有松脱现象。 （6）平板闸门主、侧滚轮检查：一是在闸门启动过程中，观察滚轮是否转动，二是在闸门离开水面后，看其是否转动灵活。主、侧滚轮如有加油设备，应检查其是否完好。 （7）有充水阀的闸门，应检查充水阀是否存在卡涩、漏水，检查充水阀的流道冲刷、空蚀情况。 （8）各润滑部位油脂是否到位。 （9）闸门（含拦污栅）防冻装置是否正常运行。 （10）拦污栅吊耳、主梁、边梁的腹板、翼缘板等对接焊缝及锈蚀情况。 （11）门槽混凝土有无剥离现象，轨道有无磨损、锈蚀、缺位、错位现象；底坎有无冲刷破坏
液压启闭机及控制系统	（1）经调试设定的压力阀、压力控制器整定值是否正确。 （2）闸门开度仪、各检测开关是否正常工作。 （3）各控制柜内元器件是否正常，接线端子是否紧固。 （4）电动机绕组绝缘测试：测量各相间和相对地的绝缘电阻，阻值是否满足要求。 （5）各部位的连接或紧固螺栓有无松动或脱落。 （6）承重机架检查：使用手锤轻轻敲打机架，当发现有异常声音时，应检查是否存在裂纹。 （7）各润滑部位油脂是否到位
卷扬式启闭机及控制系统	（1）定期检查着重指结合日常检查内容，并重点检查在日常检查中提出的需要列入定期检查的项目。 （2）各检测开关能否正常工作。 （3）各控制柜内元器件是否正常，接线端子是否紧固。 （4）各接触器触点磨损情况，触点接触是否良好。 （5）钢丝绳压板螺栓紧固情况；钢丝绳放出最大长度后，卷筒上是否保留至少5圈，卷筒两端凸缘到外层钢丝绳的距离不得小于钢丝绳直径的两倍。 （6）钢丝绳本体检查：钢丝绳是否存在打结、缠绕、松散等情况。当发现整股折断及表面被腐蚀达原直径的10%时，或一捻内断丝根数超过5%时，应按《起重机钢丝绳保养、维护、检验和报废》（GB/T 5972）执行报废。 （7）保护装置（如过卷开关检查等）动作是否正常。 （8）制动器是否灵活可靠，联轴器是否正常；传动防护是否正常。 （9）各部位的连接或紧固螺栓有无松动或脱落。 （10）电动机绕组绝缘测试：测量各相间和相对地的绝缘电阻，阻值应不小于0.5MΩ，否则应进行干燥处理

检查项目	检查内容
配电系统与备用电源	（1）配电室、配电柜外围、发电机房及发电机外表是否卫生清洁。 （2）变压器各电缆头有无过热、烧焦等现象，绕组外层线包有无异常凹凸。 （3）变压器油位、油质情况。 （4）柜内端子排接头有无松动现象。 （5）蓄电池有无腐蚀、外壳有无膨胀或裂纹、连接处有无过热、液位是否异常等。 （6）各机械连接部位是否牢固、润滑是否良好，有无漏油、漏水、漏气。 （7）测量发电机各绕组（与制造厂试验数据或以前测得值比较，相差一般不大于2%）和控制回路的绝缘电阻（绝缘电阻不应小于 $1M\Omega$）。 （8）发电机进行手动与自启动试验

表 G.3　　　　　　　　　闸门及启闭机金属结构维护内容及要求表

检查项目	检查内容
闸门（含拦污栅）	（1）闸门和拦污栅清理：闸门门体、门叶、梁系、支臂及排水孔上不得有泥沙、污垢和附着水生物等杂物，如有应及时予以清除。多泥沙河流上的闸门，要定期排沙防淤积；拦污栅有淤堵时应及时进行清污，对于少污物的河流拦污栅可定期清理。 （2）观测调整：闸门运行时，观察闸门运行状况和有无倾斜跑偏现象。如有应与启闭机配合调整纠偏。双吊点闸门应调整在允许的误差范围内，侧轮与两侧轨道间隙大体相同。 （3）闸门行走支承、承压滚轮、导向装置（包括反轮、侧轮、滑块、拉杆、导向轨道等）的养护：行走支承对其螺栓进行检查，发现松动及时上紧。承压滚轮、反轮、侧轮、滑块等滑润部位加注润滑脂。对于日常在水中工作的闸门，如机组进水口事故快速闸门，可结合闸门大修时，加注润滑脂。 （4）闸门止水装置的养护：止水橡皮应紧密贴合于止水座上，否则应予以调整。对于没有润滑装置的闸门，启闭前对干燥的橡皮应注水润滑。止水橡皮损坏严重的应更换。 （5）闸门吊耳的养护：检查零件有无裂纹，焊缝有无开裂，螺栓有无松动，止轴板（止轴销）是否丢失、是否窜出，有问题的应更换。 （6）平板闸门锁定装置的养护：闸门锁定装置应安全可靠、动作灵活，两侧锁定应受力均匀。 （7）闸门（含拦污栅）防冻装置维护，以保证装置正常运行。 （8）对拦污栅整体进行除锈、补焊、防腐等处理。 （9）门槽的维护保养

检查项目	检查内容
液压启闭机及控制系统	（1）设备外表、柜内设备卫生清洁。PLC的CPU、I/O模块及机架清洁应事先断电，采用精密仪器清洁剂进行清洁。 （2）设备交直流输入、输出电源测量检查，不符合要求的应处理或更换，并记录。 （3）各接线端子紧固，检查各开关、操作把手、按钮及其附属触点动作情况。 （4）继电器校验宜每年结合设备停役检测一次。 （5）开关、隔离开关接触情况检查，参照《低压电器维护检修规程》（SHS 06005）执行。 （6）闸门开度仪转动部分润滑，并进行行程数据核对性试验。 （7）控制系统各电缆及电源电缆绝缘检查测试，控制电缆绝缘电阻应不小于1MΩ，电源绝缘电阻应不小于5MΩ。 （8）电动机外壳除污、除锈刷漆；电动机轴承润滑检查、上脂（每年一次）；电动机风扇叶上污物清除。 （9）清理电动机接线盒污垢；紧固接线部分螺栓，拧紧各个线路的连接点，接地要可靠（损坏的及时更换）；紧固地脚螺栓和电动机端盖、轴承盖等螺栓。 （10）液压管路、液压缸体及阀组密封检查、处理。 （11）高压软管有鼓泡、裂纹的要及时更换。 （12）经拆卸的阀组，应重新检查和调整各点压力值，使其恢复至原设定范围，并上漆密封。 （13）设备中所用表计及测压元件，经指定的部门校验合格后，才允许安装在设备上。若过期应重新校验 （14）液压油检验应每年至少一次。 （15）承重机架有裂纹时，应及时修补。 （16）紧固工作：对压力油系统中的螺纹管接头、高压软管接头、密封用压盖螺栓等进行紧固，防止松动造成漏油；对基础、法兰等各种定位螺栓等进行紧固。 （17）所有维护项目完成后，应进行整体运行试验，检查油压、检测系统及各机构动作是否能够满足设备安全运行要求
卷扬式启闭机及控制系统	（1）设备外表、柜内设备卫生清洁。 （2）试验过卷保护装置正常；各接线端子紧固，检查各开关、操作把手、按钮及其附属触点动作情况。 （3）控制系统各电缆及电源电缆绝缘检查测试，控制系统电缆绝缘电阻应不小于1MΩ，电源电缆绝缘电阻应不小于5MΩ。 （4）开关、隔离开关接触情况检查，参照SHS 06005执行。 （5）电动机外壳除污、除锈刷漆；电动机轴承润滑检查、上脂（每年一次）；电动机风扇叶上污物清除。 （6）清理电动机接线盒污垢；紧固接线部分螺栓，拧紧各个线路的连接点，接地要可靠（损坏的及时更换）；紧固地脚螺栓和电动机端盖、轴承盖等螺栓。 （7）减速箱内的润滑油更换（应采用说明书规定的油品）；卷筒两端轴承座内应加注润滑油，卷筒表面及钢丝绳根据情况涂抹润滑脂。定、动滑轮的滚动轴承内应补充润滑脂。

检查项目	检查内容
卷扬式启闭机及控制系统	（8）设备中所用表计及测压元件，经指定的部门校验合格后，才允许安装在设备上。若过期应重新校验。 （9）检查并调整开式齿轮啮合间隙。 （10）承重机架有裂纹时，应及时修补。 （11）对压力油系统中的螺纹管接头、密封用压盖螺栓等进行紧固，防止松动造成漏油；对基础、法兰等各种定位螺栓等进行紧固。 （12）滚动轴承拆装时要认真清洗，有下列情况应更换：在滚动体或座圈上发现疲劳剥落的小坑或磨损条纹；在圈内或外圈面上发现裂纹；隔离罩或转动圈边缘损伤；因磨损而使径向间隙过大及轴承中滚动体不足。 （13）全面检查调整制动器，当闸瓦间隙超过标准时，应及时调整闸瓦间隙。新装或更换闸瓦时，要对闸瓦进行贴磨，保证闸瓦与闸盘的接触面积达到闸瓦总面积的75%以上。制动瓦磨损量达原衬垫厚度50%时应更换
配电系统与备用电源	（1）开关、隔离开关检查应逐段或逐个停电检查。 （2）继电器校验宜每年结合设备停役检测一次。 （3）操作开关、按钮接触情况检查。 （4）蓄电池内阻测试及蓄电池均衡充电，应按照《电力系统用蓄电池直流电源装置运行与维护技术规程》（DL/T 724）和产品说明书要求执行。若用自备充电器对蓄电池充电，充电时应断开蓄电池与启动电动机的连接，以防损坏控制系统。 （5）发电机定期带载启动周期：每年汛前或汛期带载运行一次，每次运行时间不少于30min。有条件的可带50%以上额定功率的负载。 （6）清洁空气、汽（柴）油、机油滤清器。 （7）检查并紧固备用电源执行机构（如停机电磁铁和各种接线的紧固螺钉、三角皮带）以及各种连接的紧固螺钉。 （8）按使用产品说明书规定更换机油

附 录 H
（资料性附录）

设备定期轮换与试验内容

表 H.1   设备定期轮换与试验内容

序号	工作项目	操作注意事项
一		每月不定时完成工作（每台机组一次）
1	发电机定子、转子绝缘测试	每月20日前，逢停机应向集控申请机组测绝缘，批复后执行；每月20日后，本月还未测过绝缘的机组在任何时候有停机的，必须主动申请机组测绝缘，批复后执行
2	运行中发电机滑环、电刷及电缆连接处红外测温	每月20日前，对运行机组转子进行红外测温；每月20日后，本月还未测温过的机组，必须主动申请机组开机并网红外测温，批复后执行
二		每天完成工作
1	主变压器平台设备熄灯检查	检查现场设备各连接部分完好，触头接触良好，无发热、发红现象，带电设备无闪烁放电。电源在主变压器平台检修电源箱
2	机组各部及漏油箱、压油罐、集油槽油位抄录	认真录入现场数据，数据出现异常及时确认、分析，汇报
3	上机架、上导轴承、推力轴承、水导轴承、顶盖振摆度抄录	认真录入现场数据，数据出现异常应及时确认、分析，汇报
4	综合在线监测系统	核对主变压器油色谱、高压套管、铁芯接地，开关站/升压站避雷器、CVT单元等在线监测系统有关数据，出现异常应及时确认、分析，通知检查处理
5	中央型号系统试验、监控系统音响报警试验	中控返回屏试验、确认、消声、复归按键功能正常，试验时确认光字信号及音响报警正常，监控系统语音测试音响信号正常
三		每周一完成工作
1	海事卫星电话检查试验	对海事卫星电话检查试验并记录，卫星电话拨打测试时间需小于1min，保证紧急情况下能够保证正常使用，检查情况填入《发电处卫星应急电话检查记录表》中。若发现卫星电话故障或无法拨打时立即报告公司防汛办公室或部门

序号	工作项目	操作注意事项
四		每周四完成工作
1	设备红外测温	6、7、8月每周四下午测温（每月四次），其余月份第一周和第三周周四下午测温（每月两次）。设备有主变压器单元高压引线接头；主变压器低压侧封闭母线活动节；220kV开关站开关、线路接头和母线及其TV等
五		每周六完成工作
1	机组滑环擦拭	一人操作一人监护，使用全棉白布，蹲在绝缘垫上。擦拭前后注意转子对地电压值的变化情况，不得造成转子回路一点接地
2	微机防误装置检查	检查与实际设备运行方式相符合，通信正常
3	机组开关SF$_6$压力抄录	认真录入现场数据，数据出现异常应及时确认、分析、汇报
4	打印设备检查	对保护装置打印机进行一次检查，确保墨粉、打印纸充足，打印机能够正常使用
六		每月10—14日、24—28日完成工作（每月测量2次）
1	机组及公用辅机设备电动机设备绝缘测量，包括压油泵、顶盖泵、漏油泵、检修泵、雨水泵、渗漏泵、消防泵、污水泵电动机绝缘测量	（1）控制把手投切。 （2）断开动力电源。 （3）验电，测电动机绝缘，测后收好仪器及连接线。 （4）合上动力电源。 （5）控制把手投回原来位置。 要求：认真及时完成，数据出现异常及时确认、分析，并汇报
七		每月1日完成工作
1	海事卫星电话检查试验	对海事卫星电话检查试验并记录。卫星电话拨打测试时间需小于1min，保证紧急情况下能够保证正常使用，检查情况填入《发电处卫星应急电话检查记录表》中
2	对讲机定期工作	给对讲机进行充电，并进行通话测试，确保对讲机可以正常使用
八		每月3日完成工作
1	各装置、系统时钟核对	检查各保护装置、故障录波器、自动控制装置、监控系统等时钟准确
2	防小动物设施检查	检查设备室、电缆夹层、电缆竖井、控制室、保护室等孔洞应严密封堵，各屏柜底部应用防火材料封严，电缆沟道盖板应完好严密。各开关柜、端子箱和机构箱应封堵严密。高压配电室(35kV及以下电压等级高压配电室)、低压配电室、电缆层室、蓄电池室、通信机房、设备区保护小室等通风口处防鸟设施完好，出入门防小动物挡板完好且正常放置

序号	工作项目	操作注意事项
3	机组开关储气罐排污	缓慢顺时针方向旋开储气罐上排污阀；查水分已排空后，缓慢逆时针方向旋紧排污阀。 注意：为使排污阀不易损坏，阀门不宜旋太紧，注意气罐压力变化
4	主变压器避雷器运行参数抄录	泄漏电流出现告警值应及时确认，通知检查处理。雷雨后再抄录1次
5	安全工器具检查（含各种熔断器）	旧水机值班室内各安全工器具摆放整齐，归类清楚，清点核对数量，检查无遗失或损坏，状态良好
6	户外端子箱检查	检查箱门开合自如，端子箱无锈蚀，电缆孔洞封堵严密，箱体密封良好，箱内的加热驱潮装置正常投运
7	机组上风洞检查	机组定子空冷器无渗、漏水，各冷却器不结露、无大量冷凝水，挡水板完好、无变位；通风回路畅通，无异物、异味、异声，风道盖板完好、牢固；定子引线无过热、变色、松动；桨叶操作管路无异常振动、渗漏，机组消防管路无松动、脱落及漏水；排水沟通畅、无不明来水；各端子箱关严，端子无松动；照明完好；上风洞门关闭严密且上锁
8	主变压器消防集控装置检查	检查主变压器水喷雾控制切换把手、电动阀全开／全关等方式与设备运行方式相符合，装置无异常信号
9	中控继保室消防集控系统检查	检查投入方式与设备运行方式相符合，装置无异常信号
10	机组、主变压器、厂用高压变压器保护屏连接片检查	核对连接片投入方式与一次设备运行方式相符合，保护装置无异常信号
11	顶盖射流泵抽水试验	总体要求：电磁阀动作灵敏、可靠，无卡涩现象；出水效率正常，自动启动、停止正常
12	气系统油水分离器、储气罐排污	（1）缓慢顺时针方向旋开排污阀，有串联两个排污阀的打开靠排污出口侧的阀门。 （2）检查水分已排空后，缓慢逆时针方向旋紧排污阀。 注意：阀门不宜旋太紧
13	高、低压气机润滑油油位检查	（1）取下油位标尺，检查油位是否在正常范围内。 （2）将油位标尺放回。 注意：应在气机停机状态下检查

续表

序号	工作项目	操作注意事项
14	蜗壳、坝前取水（含消防）滤过器冲洗（前后压差大于0.1 MPa时即冲洗）	投电气自动冲洗
九		每月15日完成工作
1	高压消防水管路排污	排污时排污阀尽量开大，方便泥沙排出，防止消防水压异常或排水地沟堵塞，直至管路排污干净
2	对讲机定期工作	给对讲机进行充电，并进行通话测试，确保对讲机可以正常使用
十		每月16日完成工作
1	低压消防水管路排污	排污时排污阀尽量开大，方便泥沙排出，防止消防水压异常或排水地沟堵塞，直至管路排污干净
2	海事卫星电话检查试验	对海事卫星电话检查试验并记录。卫星电话拨打测试时间需小于1min，保证紧急情况下能够保证正常使用，检查情况填入《发电处卫星应急电话检查记录表》中。若发现卫星电话故障或无法拨打时立即报告公司防汛办公室或部门
十一		每季完成工作
1	400 V母线BZT（备自投）试验	直接断开厂用变压器高压侧（或上一级电源）开关，检查开关联动情况及BZT动作情况。做好BZT动作不良、负荷失电的预想
2	10 kV母线BZT试验	直接断开厂用变压器高压侧（或上一级电源）开关，查开关联动情况及BZT动作情况。做好BZT动作不良、负荷失电的预想
3	厂房220 V直流系统充电屏双电源轮换试验（每季第1月3日）	检查充电屏后两路电源空气开关正常合闸，断开充电屏装置主供电（Ⅰ段）电源空气开关，检查另一路电源自动投入正常（从交流接触器动作及充电屏电压等判断），负荷正常；恢复合上原主供电电源空气开关。每一充电屏依次轮流试验。做好主备用电源自动切换动作不良的预想
4	主变压器冷却器备用电源投入试验（PLC自动轮换），检查并记录冷却器工作状态，确认轮换运行正常（每季度第1月3日）	中控上位机及主变压器保护屏有主变压器冷却器故障报警信号，核对并记录Ⅰ/Ⅱ组电源自动轮换后结果，将Ⅰ/Ⅱ组电源切换开关KK对位，复归现地PLC信号。记录各组冷却器工作、辅助、备用状态
5	厂房事故照明自动切换试验（每季第1月4日）	检查事故照明系统正常，轮流拉开事故照明交流电源开关（Ⅰ段3D屏至9D屏、Ⅱ段7D屏至8D屏），查切换回路动作正常，直流电源供电正常；正常后恢复交流电源供电

续表

序号	工作项目	操作注意事项
6	厂房48 V 直流系统充电屏双电源轮换试验（每季第1月4日）	检查充电屏前两路电源空气开关正常合闸，断开充电屏装置主供电（Ⅰ段）电源空气开关，检查另一路电源自动投入正常（从交流接触器动作及充电屏电压等判断），负荷正常；恢复合上原主供电电源空气开关。每一充电屏依次轮流试验。做好主备用电源自动切换动作不良的预想
7	水淹厂房信号试验（每季第1月4日）	轮流翻转浮子，查中控监控系统发"EL-6.4 m 水淹廊道动作"信号正常，放下浮子，复归监控系统信号。浮子动作报警不正确，应作缺陷处理
8	电缆终端、廊道、电缆层中的电缆以及桥架上的电缆外观检查（每季第1月4日）	电缆室、电缆道无积水，电缆外皮无龟裂、破损，电缆头无渗油、无变色发热现象
9	高位水池定期排污（每季第1月16日）	排污时防止消防水压异常，直至管路排污干净，严禁自行开车上高位水池完成定期排污工作，可步行或调车
10	自动化机房运行设备专项测温（3、6、7、8、9、12月25日）	记录数据
十二	每半年完成工作	
1	微机防误闭锁装置的闭锁关系、编码等正确性核对、锁具检查	检查微机防误系统通信正常，运行无异常，状态与实际设备运行方式相符合。微机防误装置授权密码和解锁钥匙使用及封存无异常
2	厂房220 V 直流系统充电屏第三套备用充电屏启动试验（每年1月3日、7月3日）	将充电屏Ⅲ输出开关由"停止"位投至220V DC Ⅰ段母线（蓄电池）；断开充电屏Ⅰ输出开关；查220 V DC Ⅰ段电压、负荷、对蓄电池充电电流等正常，退出充电屏Ⅲ，恢复正常运行方式。若将充电屏Ⅲ投至220V DC Ⅱ段，则方法同上。两套直流系统备用充电屏依次轮流试验。做好备用充电屏投入不正常的预想
3	UPS 系统试验（每年1月3日、7月3日）	单台 UPS 主电源输入失电切换试验